상식과 지식으로 버무린
내진설계철학

모든 인간은 하나님의 형상을 닮은 존엄한 존재입니다. 전 세계의 모든 사람들은 인종, 민족, 피부색, 문화, 언어에 관계없이 존귀합니다. 예영커뮤니케이션은 이러한 정신에 근거해 모든 인간이 존귀한 삶을 사는 데 필요한 지식과 문화를 예수 그리스도의 사랑으로 보급함으로써 우리가 속한 사회에 기여하고자 합니다.

상식과 지식으로 버무린 내진설계철학

초판 1쇄 찍은 날 · 2008년 7월 15일 | 초판 1쇄 펴낸 날 · 2008년 7월 19일

지은이 · 김장훈 | **펴낸이** · 김승태

편집장 · 이종열 | **편집 디자인** · 유선희 | **표지 디자인** · 박한나 | **일러스트** · 김영태
영업 · 변미영, 장완철 | **물류** · 조용환, 엄인휘

등록번호 · 제2-1349호(1992. 3. 31.) | **펴낸 곳** · 예영커뮤니케이션
주소 · (136-825) 서울 성북구 성북1동 179-56 | **홈페이지** www.jeyoung.com
출판사업부 · T. (02)766-8931 F. (02)766-8934 e-mail: edit1@jeyoung.com
출판유통사업부 · T. (02)766-7912 F. (02)766-8934 e-mail: sales@jeyoung.com
제작 예영 B&P · T. (02)2249-2506~7

copyright © 2008, 김장훈

ISBN 978-89-8350-726-6 (03540)

값 10,000원

- 잘못 만들어진 책은 교환해 드립니다.
- 본 저작물은 저작권법에 의하여 한국 내에서 보호를 받는 저작물이므로 무단 전제와 무단 복제를 금합니다.

상식과 지식으로 버무린
내진설계철학

저자 김장훈은 미국의 뉴욕주립대학교(버펄로)에서 철근 콘크리트 구조의 내진 설계를 연구하여 박사 학위를 취득한 후, 1998년부터 아주대학교 건축학부에서 학생들을 가르치고 있습니다.

서문

'내진설계' 단어부터가 몹시 생뚱맞게 들릴지 모르겠습니다. 지금까지는 무언가 우리와는 전혀 상관 없고, 다른 나라에서나 필요하겠거니 하고 생각하게 하던 말일 수도 있습니다. 일본, 대만, 중국, 이란, 터키 또는 미국으로부터 막대한 인명손실과 엄청난 재산피해를 가져오는 대규모의 지진이 발생하였다는 소식이 가끔 한 차례씩 날아오지만, 우리에게는 그다지 큰 경각심을 주지 못합니다.

"다행히 우리는 그런 큰 지진을 경험하지 못했었으니까요. 어디 우리뿐인가요? 우리의 아버지, 아버지의 아버지, 할아버지의 할아버지 … 이렇게 오랜 세월 동안 지진 때문에 험한 꼴 당한 사람이 없었으니까요. 우리의 경험이 말해 주고 있어요."

그만큼 익숙하지는 않지만, 그렇다고 무시하자니 마음이 편안하지 않은 그런 말입니다. 우리나라에서도 한다고는 하는데 도무지 실감이 나지 않습니다.

"필요하다면, 전문가들이 다 알아서 해 주겠지, 뭐."

우리나라에 살고 있는 많은 사람들이 내진설계에 대하여 이렇게 생각하고 있을지 모릅니다.

지금은 없어졌다고 생각하지만, 불과 20~30년 전만 하여도 이른바 '강매'(強買, forced sale)라는 것이 심심치 않게 눈에 띄던 시절이 있었습니다.

내게는 필요 없는 물건을 사라고 분위기를 험하게 만들어 사도록 만드는 그런 것 말입니다. 그렇게 산 물건들은 대개 제값보다 더 주고 사게 되거나 품질이 좋지 않은 경우가 대부분이었습니다. 그런데 어쩌면 내진설계도 어떤 이들에게는 이런 '강매'로 비칠 수 있을지도 모릅니다.

"비록 내진설계가 법에 의하여 강제되기 때문에 하는 수 없이 따르기는 하지만, 지진이 없는 우리나라에 꼭 필요한 것인가요?"

이와 같이 내진설계의 필요성을 인정하지 않는, 그래서 내진설계에는 관심조차 없는 이들이 있을 수 있습니다.

이런 분들을 생각하며 이 책을 쓰기 시작하였습니다. 2004년 여름, 미국의 위스콘신 주 밀워키로 연구년을 나가 있으면서부터 평소에 가지고 있던 생각을 정리하여 쓰기 시작한 것이 이제야 마무리를 보게 되었습니다. 이 책은 크게 기본, 원리, 적용 이렇게 세 부분으로 나누어지고, 각 부분마다 열 개씩의 제목을 만들어 생각을 펼쳐 모두 서른 개의 이야기를 담고 있습니다. 각각의 이야기마다 우리가 평소에 만나는 일들, 오가는 말들, 그리고 우리의 상식들로부터 내진설계와 관련된 아이디어들을 끄집어내어 누구나 부담 없이 읽을 수 있게 하려고 노력했습니다. 하지만, 쓰고 보니 아직도 군데군데 눈에 띄는 부담스러울 수 있는 엔지니어링 용어들이 남아 있음을 봅니다. 그래서 부록으로 용어설명을 붙였습니다.

내진설계는 보험에 드는 것과 같습니다. 암에 걸릴 것을 기대하며 암보험에 가입하지 않는 것처럼, 죽기를 기대하며 생명보험에 가입하지 않는 것처럼, 내진설계는 반드시 지진이 닥친다는 보장이 있기 때문에 하는 것이 아닙니다. 아주 낮을지라도 그 가능성에 대비하는 것뿐입니다.

내진설계는 전문가라고 불리는 소수의 사람들만 쑥덕쑥덕 알아서 하는 그런 것이 아닙니다. 보험도 가입하는 사람이 많을수록 사회적인 안전장치로서 한층 더 효과를 발휘하듯이 내진설계도 사회적 공감대가 형성되어야 실효를 거둘 수 있습니다.

　바라기는 우리나라 모든 분들이 이 책을 읽었으면 좋겠습니다. 우리가 살아가는, 우리의 삶을 담는 공간을 지진으로부터 보호하는 것에 관심을 기울이는 만큼 우리의 건물들은 안전해질 것입니다. 특별히 권하고 싶은 분들은 공무원과 선생님들입니다. 공무원들은 우리나라에서 지어지는 모든 건축구조물의 건립을 심사하고 허락하는 입장에 있는 분들이기 때문에 내진설계에 대한 이분들의 올바른 이해가 몹시 중요합니다. 선생님들은 이다음에 우리나라를 짊어질 사람들로 하여금 내진설계에 대하여 올바른 인식을 갖도록 가르칠 수 있는 분들이기 때문입니다. 아무쪼록 이 작은 책으로 인하여 우리나라가 지진에 대하여 조금 더 안전한 나라가 되었으면 좋겠습니다.

　이 책을 쓰는 일은 나의 사랑하는 아내 영주와 아이들 필립과 안나가 함께 있음으로 가능하였습니다. 이 책이 출판되도록 물심양면으로 애쓰시고 직접 교정을 맡아주신 예영커뮤니케이션 김승태 대표와 삽화를 그리신 김영태씨와 편집부 직원들에게 감사의 마음을 전합니다. 일어나지 않기를 바라지만, 일생에 단 한 번 만날지도 모르는 교통사고의 순간을 위하여 나는 오늘도 안전띠를 맵니다.

2008년 6월 여우골에서
김장훈

| 차례 |

기본편
건설, 인류 역사상 가장 오래된 기술산업 13
사람의 몸과 같은 건물 19
누름과 당김과 휨의 하모니, 재료의 과학 24
하중의 과학, 바람과 지진도 잊지 마 29
기초가 튼튼해야 최고야! 34
모든 하중이 모이는 곳, 지반 40
힘이 흐르는 길 46
재료도 항복한다 51
구조적 일체성을 갖게 하는 경계조건 56
구조물도 속박하면 반발한다 60

원리편
만물은 스프링과 같다 67
'강하다'는 의미 72
안전의 조건 77
건물이 견디는 하중을 예측하는 예상 강도 82
지진의 세기 88
건물의 운동법칙, 운동방정식 94
내진설계에도 철학이 있다 100
안전한 구조물을 세우기 위한 설계기준 110
응답스펙트럼 118
비구조재도 내진설계를 해야 하나? 124

적용편

건물을 공격하는 지진 *137*
지진을 유혹하는 건물 *144*
지진과 건물의 궁합이 맞으면 *150*
몸으로 때우기 *156*
성격차이가 건물을 살린다 *164*
미끄럼판 위의 건물 *173*
내진설계 하지 않았으면 내진보강하라 *182*
병원을 지진이 공격한다면? *186*
건물 밖에도 내진설계를 하라고? *194*
내진설계, 본전 따져보기 *200*

부록

용어설명 *207*

기본편

건설, 인류 역사상 가장 오래된 기술산업

건설은 지반(地盤, ground)과 밀접한 관계를 가지고 있다. 마치 흙을 떠난 나무를 생각할 수 없는 것과 같이 지반을 떠난 건설은 생각할 수 없다.

건설(建設, construction)은 인류역사상 가장 오래된 기술산업이며 오늘날까지도 각 나라의 국가경제에 영향을 미치는 중요한 산업부문으로 간주되고 있다. '건설'이라는 말은 지금 이 시간에도 우리 주변에서 많은 건설회사들이 무언가를 열심히 짓고 있는 활동을 통하여 우리에게 매우 익숙하지만, 막상 "건설이란 무엇인가?"를 간단하게 설명하려고 하면 마땅한 말을 떠올리기가 쉽지 않다. 굳이 말하자면, 건설이란 사람의 편의를 위하여 지상 또는 지하에 구조물을 축조하는 행위라고 할 수 있다.

고대 이집트의 피라미드(pyramid)와 같이 사람의 편의를 위하여 지었다고 보기에 무리가 있는 건설도 있지만, 대개 사람의 편의를 위하여 건설한다. 사람의 편의를 생각하는 점 때문에 건설이 조각 작품과 같은 순수한 예술행위와 구별되는 것이라고 하겠다. 그러나 조각 작품 중에는 그 규모가 엄청나게 커서 공학이론이 필요하고 예술가가 직접 짓기보다는 건설회사가 지어야 하는 것도 있다. 따라서 건설이 사람의 편의를 위한 행위라는 표현은 특수한 경우를 제외한 일반적인 경우에 해당한다고 보아야 하겠다.

'지상 또는 지하'는 건설의 영역을 규정하는 말이다. 즉 건설은 지반(地盤, ground)과 밀접한 관계를 가지고 있음을 뜻한다. 마치 흙을 떠난 나무를

구조물은 일정한 형태를 가지고 있으면서 기능상 작용하는 힘을 안전하게 전달하는 시스템이라고 할 수 있다.

생각할 수 없는 것과 같이 지반을 떠난 건설은 생각할 수 없다. 우주공간에 짓는 우주정거장과 같은 특수한 경우를 제외하고 대부분의 건설은 지상이나 지하에서 행하여진다.

구조물(構造物, structures)은 일정한 형태를 가지고 있으면서 기능상 작용하는 힘(무게)을 안전하게 전달하는 시스템이라고 할 수 있다. 이러한 조건을 만족시키는 사물은 우리 주변에서 얼마든지 찾아볼 수 있다. 예를 들어 책상은 일정한 형태가 있고, 공부하려고 올려놓은 책이나 컴퓨터로부터 힘이 작용할 것이고, 이러한 힘이 책상다리를 통하여 바닥으로 전달되는 것으로 보아 구조물임에 틀림없다. 자동차도 일정한 형태가 있고, 자체의 무게와 사람 및 짐의 무게로부터 힘이 작용하게 되고, 이 힘을 바퀴를 통하여 지반으로 흘려보내므로 구조물의 조건을 만족시킨다. 극단적으로는 사람의 몸도 구조물이라고 할 수 있다. 일정한 형태가 있고, 몸무게와 사람이 지니고 있는 물건의 무게에 의하여 작용하는 힘을 발바닥을 통하여 건물바닥이나 땅바닥으로 전달하기 때문이다. 이렇게 보면, 세상에 존재하는 눈으로 볼 수 있는 모든 사물이 구조물의 특성을 지니고 있음을 알 수 있다. 실제로 세포역학(細胞

力學, cell mechanics)이나 생체역학(生體力學, biomechanics)에서도 공학이론을 이용하여 세포나 동물의 기관에 흐르는 힘을 분석하기도 한다.

  이러한 넓은 구조물의 영역에서 건설의 대상은 사람의 편의를 위하여 지상이나 지하에 축조되는 구조물로 한정된다. 즉, 건물, 교량, 도로, 철도, 댐, 항만, 발전소 등이 건설의 대상이다. 여러 산업 활동을 통하여 여러 가지 제품이 생산되듯이 건설을 통하여 구조물이 만들어진다. 제품을 생산한다는 면에서는 건설이 다른 산업과 크게 다를 바 없지만, 그 생산방식은 매우 독특하다.

  일반적으로 공산품(工産品, engineering product)은 시행착오(試行錯誤, trial-and-error) 방식으로 생산된다. 즉, 새로운 제품을 설계하면 시제품을 만들어 시험하고 부족한 점이 발견되면 보완하여 개선하는 과정을 반복한 후, 시장성이 있는 것으로 판단되었을 때 대량생산하여 판매한다. 그러나 건설구조물은 그 규모와 건립하는 데 드는 시간과 비용이 엄청나기 때문에 시제품을 만들어 시험할 수가 없다. 예를 들어 자동차회사에서는 많은 시행착오를 통하여 품질을 개선한 후 새로운 모델을 시장에 내어놓지만, 건설회사에서는 시제품 아파트를 지어 시행착오를 통하여 품질을 개선한 후 판매할 아파트를 건축하지는 않는다. 건설은 마치 인생을 살아가는 것과 마찬가지로 일회적이며 특정한 건설구조물을 대상으로 하는 것으로서 똑같은 건물에 대하여 다시 기회가 주어지지 않는다. 그러므로 건설구조물은 철저한 계획과 설계 및 시공에 의하여 지어야 한다.

  건설구조물이 일반적인 공산품과 구별되는 또 하나의 특성은 그것이 사회에 미칠 수 있는 심각한 영향이라고 하겠다. 예를 들어 팔려나간 가전제품 중에는 불량품이 있을 수 있지만 그 영향은 대개 그 제품을 구입한 가정에 국한되며, 이러한 경우는 다른 제품으로 교환해 주거나 환불해 줌으로써 수습된다. 하지만 건설구조물이 잘못 지어지게 되면 그 건설구조물을 소유한 사람은 물론이거니와 이용하는 사람들과 그 주변에 있는 사람들에게까지 수십 년 또는 수백 년에 걸쳐 심각한 영향을 미칠 수 있다. 건설구조물이 국가나 지방자치정부 등 공공의 소유일 경우에는 잘못 지어진 건설구조물이 영향을 미치는 범위는 더 넓어진다. 잘못 지어진 건설구조물의 영향에는 경제적인 손실은 물론이거니와 생활의 불편, 사람들의 정서에 미치는 악영향 및 불안감 그리고 생명을 위협하는 잠재적인 요소 등이 포함된다.

이러한 특성으로 인하여 건설행위에는 건축주(建築主, owners), 설계자(設計者, designers), 시공자(施工者, constructors) 그리고 지방자치정부(地方自治政府, municipality)가 참여하게 된다. 이들 건설행위의 주체들은 서로 간의 협조와 견제를 통하여 건설을 완성해 간다. 이 역시 산업혁명 이후에 불특정 다수의 소비자들을 위하여 물건을 대량생산하여 시장에서 판매하는 일반적인 공산품의 생산 및 유통과정과 건설의 다른 점이라고 하겠다.

건축주는 아직 지어지지 않은 건설구조물의 기능을 부여하며, 건설의 완성에 이르기까지 발생하는 비용을 부담한다. 건설구조물의 기능을 부여한다는 것은 용도를 결정하는 것이라고 할 수 있다. 예를 들어 아파트를 지을 것인지, 병원을 지을 것인지, 또는 학교를 지을 것인지 등을 결정함을 의미한다. 개인, 법인 또는 국가나 지방자치정부 등이 건설구조물의 건축주가 될 수 있다. 건축주는 어떤 건설구조물을 지을 것인가를 결정한 후, 지방자치정부에 신고하여 허락을 받고, 설계자에게 건설구조물의 설계를 의뢰함으로써 건설을 시작하도록 한다.

설계자그룹은 건축가, 구조엔지니어, 토질엔지니어, 전기엔지니어 및 기계엔지니어 등의 전문가 집단을 가리키며, 당대의 설계기준과 발전된 이론을 사용하여 건축주가 의도하는 건설구조물을 설계한다. 설계자그룹은 현행 법규 및 조례에 따라 설계도면 및 시방서를 완성하여 건축주에게 제출하고 지방자치정부의 승인을 받는다. 시방서(示方書, specification)란 구조물의 건립에는 꼭 필요하지만 도면에 표기할 수 없는 정보를 기록한 서류이다. 설계도면 및 시방서는 시공자가 구조물을 건립하는 데에 필요한 모든 정보를 담고 있어야 한다.

 설계도면 및 시방서가 완성되면, 건축주는 적당한 비용으로 구조물을 건립할 수 있는 시공자를 선정한다. 아울러 건축주는 감리(監理, supervisor)를 고용하여 설계도면과 시방서대로 구조물이 건립되는가를 확인하도록 한다. 감리로서는 구조물을 직접 설계한 설계자그룹이 가장 적절하지만, 사정에 따라 제3자가 감리를 맡을 수도 있다.
 시공자는 도면으로만 존재하는 건설구조물을 현실 속으로 가져온다. 이를 위하여 시공자는 재료, 장비 그리고 인력을 동원하여 건설을 완성해 간다. 중요한 것은 모든 재료와 장비 그리고 인력이 항상 함께 필요한 것이 아니라는 것이다. 즉 시공과정은 여러 가지 공정이 이어지며 진행되므로 공정에 따라 필요한 재료와 장비 및 인력이 적절히 투입되도록 계획을 세워야 건설비용을 줄일 수 있고 경쟁력을 유지할 수 있게 된다. 시공자는 현장개설 전에 건설시공에 대하여 지방자치정부의 허락을 받아야 한다. 그리고 구조물의 완성 후에는 준공검사를 받아야 건설구조물을 사용할 수 있다.

 지금까지 건설행위의 주체들이 건설에 참여하는 과정을 살펴본 바에 따르면, 모든 주체들이 서로 협조하고 견제하는 과정 속에 건설이 진행됨을 볼 수 있다. 특히 지방자치정부는 건설행위의 다른 모든 주체들의 역할 및 서로 간의 관계가 현행법에 따라 공정하게 이루어지도록 조정하는 중요한 역할을 한다. 이는 결국 지방자치정부의 건설공무원들이 담당하는 것이므로 이들의 책임감과 전문지식의 정도가 건전한 건축물의 건설에 미치는 영향은 매우 크고 중요하다고 하겠다.

사람의 몸과 같은 건물

사람의 몸에 뼈대가 있듯이 건물에도 뼈대가 있다. 우리 몸의 뼈대가 사람의 형태를 유지하게 하고 생활에 필요한 힘을 발휘하는 주체이듯이, 건물의 뼈대도 건물의 형태를 유지하고, 건물의 기능 때문에 발생하는 여러 가지 무게나 힘을 지반으로 전달하는 역할을 한다.

    건물을 사람의 몸에 비교하여 생각하면 건물의 얼개 및 각 부분의 쓰임새를 이해하는 데에 도움이 된다. 건물은 우리의 생활을 담는 그릇이고, 우리가 대부분의 시간을 보내는 공간이기 때문에 제대로 짓고 건전하게 관리하여야 한다. 이를 위하여 건물의 얼개와 쓰임새를 아는 것은 매우 중요하다. 마치 의사가 사람 몸의 얼개와 쓰임새를 잘 알아야 제대로 진단을 하고 적절한 방법으로 병을 치료할 수 있는 것과 같은 원리이다. 일반인들도 사람 몸의 얼개와 쓰임새를 알고 있으면 어느 정도 자신의 건강을 챙길 수 있듯이 건축전문가가 아니더라도 건물의 얼개와 쓰임새를 알면 자신이 생활하는 공간에 대하여 제대로 판단하고 안전하게 관리할 수 있다.

    인생 누구나 생로병사(生老病死)를 거치듯이 건물도 계획하여 짓는 때가 있고, 세월과 함께 노화되고, 때로는 사람이 병에 걸리듯 문제가 생기기도 하며, 일반적으로 사람보다는 오랜 세월을 견딜 수 있지만 결국은 과거로 사라지게 되는 과정을 거친다. 아무리 강했던 사람도 질병이나 충격으로 인하여 쓰러질 수 있듯이, 건물이 아무리 강해 보여도 여건이 조성되면 파괴되고 무너질 수 있음을 알아야 한다. 여건이 조성된다 함은 건물의 보유능력을 초과하는 힘과 변형의 요구량이 작용하는 경우를 일컫는다.

    우리는 사람마다 역할과 능력이 다름을 인정한다. 그래서 그 사람의 역할과 능력에 맞는 주위의 기대가 따르기 마련이다. 어린 초등학교 학생에게 대학졸업논문 쓸 것을 기대하는 사람은 없다. 그러나 대학 졸업반 학생이 졸업논문을 제대로 쓸 수 있는 능력을 갖추지 못하였다면, 그 학생은 주위의 기대를 충족시키지 못한 것이 되어 졸업을 할 수 없게 된다. 마찬가지로 건축구조물도 각각의 기능에 따라 갖추어야 할 것으로 기대되는 보유능력이 있다. 하중에 대한 요구량이 보유능력을 초과하면 건물이 부분적으로 또는 전적으로 파괴될 수 있는데, 이러한 경우는 기대치에 미치는 보유능력을 갖추지 못하였거나, 설계할 때에 미처 예기치 못한 사태가 발생하여 요구량이 기대치를 훨씬 초과하게 되는 경우이다.

기대치에 미치지 못하는 보유능력을 갖추었다는 것은 설계나 시공이 잘못되었다는 것이 되지만, 기대치를 훨씬 초과하는 요구량이 부과되었다는 것은 건물을 애초에 의도한 용도보다 큰 하중이 작용하는 용도로 잘못 사용하였거나 예기치 못한 강한 지진이나 충돌 또는 폭발이 일어났을 경우이다. 그러므로 '기대치'를 적절하게 정하는 것이 중요한데, 설계자마다 기대치가 가지각색일 수 있으므로 국가나 지방자치단체에서는 설계기준과 조례를 통한 최소한의 기대치를 정하여 건축구조물마다 일정수준의 안전을 유지하게 한다.

사람의 몸에 뼈대가 있듯이 건물에도 뼈대가 있다. 우리 몸의 뼈대가 사람의 형태를 유지하게 하고 생활에 필요한 힘을 발휘하는 주체이듯이, 건물의 뼈대도 건물의 형태를 유지하고, 건물의 기능 때문에 발생하는 여러 가지 무게나 힘을 지반으로 전달하는 역할을 한다. 우리 몸의 뼈대가 튼튼하지 않으면 물건을 들어 올리는 것은 고사하고 자신의 몸조차 가누기 어렵게 된다. 건물에는 자체의 무게를 포함하여 사람, 가구, 물건, 기계 등 엄청난 무게가 작용하고, 때로는 바람이나 지진에 의한 힘이 작용한다. 건물의 뼈대가 충분히 강하지 못하면 이러한 무게나 힘 때문에 건물이 파손되어 사람의 생명을 다

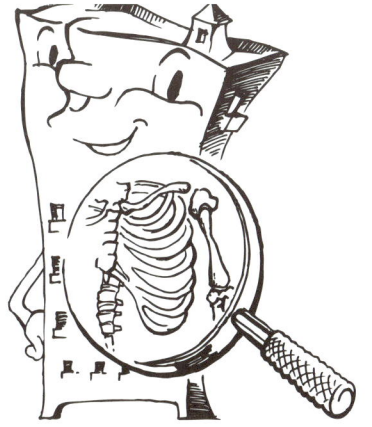

사람의 몸에 뼈대가 있듯
건물에도 뼈대가 있다

치게 하거나 적어도 상당한 재산피해로 이어질 수 있다. 특히 지진이나 폭발 또는 화재가 일어난 후에는 뼈대가 약화되어 평상시에는 견딜 수 있던 무게조차 견디지 못하여 붕괴되는 경우도 있다.

사람 몸의 모든 부분이 다 중요하고 귀하지만, 척추와 다리는 모든 힘의 근원이라고 할 수 있다. 엄청난 강속구를 던지는 야구투수를 보면 그 힘이 어깨로부터 허리와 다리로 이어진 듬직한 체구에서 나오는 것을 짐작할 수 있다. 건물에서 척추와 다리의 역할을 하는 것이 보와 기둥이다. 척추와 다리가 서로 연결되어 함께 힘을 발휘하듯이 오늘날 대부분의 건물에서 보와 기둥도 서로 연합하여 건물에 작용하는 여러 가지 무게나 힘에 함께 저항하며 그 힘을 지반으로 전달하는 역할을 한다. 보와 기둥은 서로 강하게 접합되어 뼈대를 이루고 있으므로 보와 기둥을 별개의 것으로 취급하는 것이 바람직하지 않지만, 굳이 보와 기둥 중 어느 것이 건물의 안전에 더 중요한가를 따진다면 기둥이라 하겠다. 이는 건물의 뼈대가 충분히 강하지 못하거나 또는 설계할 때에 미처 예상치 못했던 하중조건이 발생하여 보가 파괴된다면 그 영향이 부분적일 경우가 대부분이지만, 기둥이 파괴되는 경우에는 건물전체의 붕괴로 이어질 가능성이 훨씬 높아지기 때문이다. 그만큼 기둥의 역할이 중요하기 때문에 설계, 시공 및 유지관리의 모든 과정에서 주의를 기울여야 한다.

기둥과 보가 서로 연결된 보-기둥 접합부는 사람 몸의 관절과 같다고 하겠다. 뼈대의 모든 부분이 아무리 건강하더라도 뼈와 뼈가 연결된 관절에 이상이 생기면 제대로 힘을 발휘할 수 없듯이, 보나 기둥이 아무리 강하더라도 접합부가 튼튼하지 않으면 보와 기둥의 강함이 아무 소용없게 된다. 몸의 모든 부분이 건강한 사람도 무릎관절에 이상이 생기면 계단을 오르거나 달리는 것은 고사하고 제대로 걷거나 서 있는 것조차 힘들고 주저앉을 수밖에 없다. 마찬가지로 건물의 모든 보와 기둥이 아무리 강하더라도 보-기둥 접합부가 약하면 그 건물의 뼈대는 결코 강하다고 할 수 없다.

건물에 작용하는 힘에 저항하기 위하여 요구되는 정도의 강함을 갖도록 보나 기둥을 설계하면 보-기둥 접합부가 저절로 보나 기둥 정도의 강함을 가질 것으로 기대하는 경우가 있는데, 이러한 막연한 기대는 마치 공부하지 않는 학생이 열심히 공부하는 학생들 틈에 있으면 자신도 저절로 공부 잘하는 학생이 될 것으로 기대하는 것과 크게 다를 바 없다. 기대하였으면 기대가 현실이 되도록 조치하여야 한다. 보-기둥 접합부는 요구에 맞는 강함을 갖도록 만들어야 건물뼈대의 한 부분으로서 역할을 하게 된다.

건물의 뼈대가 지반과 닿는 부분은 기초이며 우리 몸의 발바닥과 같은 역할을 한다. 우리 몸무게가 발바닥을 통하여 바닥에 적절하게 분포되듯이 기둥을 통하여 흘러 내려온 모든 무게와 힘은 기초를 통하여 지반으로 전달된다. 대개의 경우 지반은 건물뼈대를 이루는 재료보다 무르기 때문에 기초의 평면 크기는 지반의 세기에 따라 결정된다. 큰 힘을 견딜 수 있는 단단한 지반 위에서는 기초평면 크기를 작게 할 수 있지만, 무른 지반 위에서는 기초평면 크기를 크게 하여야 된다. 즉 기초평면 크기는 지반을 보호하기 위한 목적으로 결정된다. 그러나 기초의 두께는 기둥을 통하여 전달되는 힘으로부터 기초 판을 보호하려는 목적으로 결정된다.

 사람의 뼈대가 중요하지만 뼈대를 살과 피부로 싸고 그 위에 옷을 입음으로 사람의 아름다움이 더하여지듯이, 건물도 뼈대를 마감과 천장으로 싸고 외피를 입힘으로 아름답고 편안한 공간으로 조성되며, 아울러 뼈대도 보호하게 된다. 사람의 몸은 신진대사를 통하여 몸의 기능을 유지한다. 사람이 호흡을 하듯이 건물에서도 공기조화시스템을 통하여 탁한 공기를 수거하여 건물 외부로 내보내고 신선한 공기를 건물 내 각 공간으로 공급한다. 또한 창문은 사람의 코와 같이 신선한 공기를 밖에서 안으로 그리고 오염된 공기를 안에서 밖으로 출입하게 하는 통로가 될 뿐만 아니라, 사람의 눈과 같이 자연의 빛을 통과시킴으로써 바깥세상을 볼 수 있게 하고, 햇빛이 건물 안으로 들어올 수 있게 한다. 피가 온몸에 산소와 양분을 공급하고 노폐물을 운반하듯이 상·하수도시스템은 깨끗한 물을 공급하고 더러워진 물을 모아 하수도를 통하여 건물 밖으로 내보낸다. 사람 몸의 항상성(恒常性, homeostasis)이 신진대사와 몸의 온도를 일정하게 유지하게 하듯이 건물에서도 센서(sensor)를 통하여 실내온도를 일정하게 유지할 수 있다. 사람 몸의 신경계통이 보고, 듣고, 느끼는 몸의 각종 감각을 뇌에 전달하듯이 건물에 설치되는 전기·통신 설비를 통하여 빛을 비롯한 각종 편리한 생활용품을 사용하고 먼 거리에 있는 사람들과 대화하며 미디어나 인터넷을 통하여 엄청난 양의 정보를 쉽게 얻을 수 있다. 사람이 건강유지를 위하여 운동도 하고 정기건강검진을 받듯이, 건축물도 유지관리를 통하여 건전하고 쾌적한 상태를 지속시킬 수 있다.

누름과 당김과 휨의 하모니, 재료의 과학

> 사람의 몸에 뼈대가 있듯이 건물에도 뼈대가 있다. 우리 몸의 뼈대가 사람의 형태를 유지하게 하고 생활에 필요한 힘을 발휘하는 주체이듯이, 건물의 뼈대도 건물의 형태를 유지하고, 건물의 기능 때문에 발생하는 여러 가지 무게나 힘을 지반으로 전달하는 역할을 한다.

나무와 철은 강함의 크기는 서로 다르지만, 누름과 잡아당김 그리고 휨이 작용하는 구조부재에 적절한 재료이다. 벽돌과 콘크리트는 누르는 힘에는 잘 견디는 재료지만, 잡아당김이나 휨에는 누름에 비하여 상대적으로 약한 재료이다.

우리의 눈으로 볼 수 있고 손으로 만져질 수 있는 모든 것은 재료로 구성되어 있다. 보기만 해도 군침이 도는 맛있는 음식, 거리를 달리는 자동차, 우리가 살아가는 터전인 집 등 사람이 만든 것들을 포함하여 대자연을 이루는 모든 생물과 무생물들은 재료로 이루어져 있다. 심지어는 만물의 영장이라고 하는 사람의 몸도 엄밀히 말하면 재료로 구성되어 있다고 할 수 있다.

재료로 이루어진 어느 것이든지 그 재료의 특성이 나타나게 되고, 그 재료의 한계를 벗어날 수 없다. 그러므로 야채로 만들어진 음식으로부터 불고기의 맛을 기대할 수 없다. 나무를 사용하여 철과 같이 보이고 감촉이 느껴지는 칼을 만들 수 있을지는 몰라도 철로 만들어진 칼이 갖는 성능마저 갖추도록 할 수는 없는 노릇이다. 나무로 만든 칼은 나무의 한계를 넘어설 수 없기 때문이다.

역도선수는 보통 사람들보다 무거운 물건을 들어 올릴 수 있지만 들어 올릴 수 있는 무게에는 한계가 있다. 세계적인 육상선수들이 달리기, 넓이뛰기, 높이뛰기 및 마라톤 등에서 이룩한 신기록들은 사람이 할 수 있는 최고의 한계라고 할 수 있다. 왜 사람의 체력에는 한계가 있는 것일까? 그것은 사람의 체력은 몸을 구성하고 있는 뼈와 근육, 힘줄, 심장과 혈관의 강함 정도에 의하여 지배되기 때문이다.

건축구조물의 성능도 그 구성 재료의 특성과 한계 안에서 결정된다. 여기서 건축구조물의 성능을 간단하게 정의한다면 건축물에 작용하는 여러 가지 무게나 힘에 대하여 견디는 능력이라고 할 수 있다. 나무집, 벽돌집, 철골 집, 철근콘크리트 집들은 각기 나름대로의 특성과 한계가 있다.

나무집은 나무의 가볍고 질긴 성질 때문에 짓기 쉽고, 지진에 비교적 잘 견디지만, 강한 바람에는 자칫 부서지거나 무너질 수 있다. 벽돌집은 일정한 규격의 벽돌개체들을 쌓아 지으므로 짓기 쉽고, 강한 바람에도 비교적 잘 견디지만, 질기지 못하고 무겁기 때문에 강한 지진에는 크게 손상될 수도 있다. 철골 집과 철근콘크리트 집은 과학기술의 발달로 인하여 생산된 건축 재료를 사용하여 지은 것으로서 나무집과 벽돌집에서는 얻지 못하였던 강하고 질긴 커다란 공간을 얻을 수 있으며, 바람과 지진에도 비교적 잘 견딜 수 있는 구조로 지을 수 있다.

음식을 만들 때 요리에 자신이 없다면 여러 가지 재료와 양념을 듬뿍 넣으면 크게 실패하지는 않는다고 한다. 이 말을 건축구조물을 짓는 데에 적용하여 "튼튼한 건물을 지으려면 재료를 많이 사용하면 된다."라는 뜻으로 이해할 수 있을까? 어느 정도 옳은 말이지만 항상 옳다고는 할 수 없다.

사람의 몸을 보면 다리는 팔뚝보다 훨씬 굵고 힘이 세다. 다리는 온몸을 지탱하면서 걷기도 하고 뛰기도 한다. 그러나 팔은 다리와 같은 일을 할 정도로 강하지 못하다. 다리가 팔뚝보다 굵다는 것은 그만큼 재료가 많이 들어간

건축구조물의 성능도 그 구성 재료의 특성과 한계 안에서 결정된다.

것이니, 이러한 면에서 "많은 재료를 사용하면 튼튼하다."라는 말이 옳다고 할 수 있다. 이번에는 비만한 사람과 정상적인 체구를 가진 사람을 비교하여 보자. 비만한 사람은 자신의 몸무게가 부담이 되어 계단을 오르내리거나 먼 거리를 걷고 뛰는 데에 큰 어려움을 느낀다. 따라서 비만한 사람이 정상적인 체구를 가진 사람보다 굵지만 강하거나 효율적이지 못하니, 이러한 면에서는 "많은 재료를 사용하면 튼튼하다."라는 말이 반드시 옳다고는 할 수 없다.

건축구조물의 튼튼함을 결정하는 데에는 여러 가지 요인이 있는데, 그 중에 재료의 사용에 있어서 중요한 것은 양보다는 적절함에 있다. 다시 말하면 적재적소(適材適所), 즉 적절한 재료를 적절한 곳에 사용하여야 한다. 비만한 사람이 몸은 크지만 효율적으로 활동하지 못하는 것은 재료가 적재적소에 배치되지 못하였기 때문이라고 할 수 있다. 건물을 지을 때에 콘크리트를 많이 사용하였다는 사실만으로는 튼튼한 건물이라고 판단하기에 아직 이르다. 비중이 2.3인 콘크리트는 사용한 양만큼 무게로 작용하여 건물에 부담을 주기 때문에 이러한 부담을 능가하는 이로움이 있는지 꼼꼼히 따져 보아야 한다.

사람들의 조직에 있어서도 적절한 사람을 적절한 자리에 배치하여야 그 조직이 건전하게 발전할 수 있지만, 만일 사사로운 이익에 따라 사람을 배치하게 되면 궁극적으로는 그 조직과 사회에 부담이 될 수 있다.

어떻게 하면 적절한 재료를 적절한 곳에 사용할 수 있을까? 이를 위하여 첫째는 재료의 성질을 잘 알아야 하고, 그 다음으로는 재료가 사용될 부분에 어떤 힘이 발생할 것인가를 파악하여야 한다. 마치 맛있는 요리를 만들고자 하면 사용될 재료에 대하여 잘 알아야 함과 같다. 구조재의 성질은 주로 일정한 크기의 재료를 실험실에서 기계를 통하여 부서질 때까지 누르거나 끊어질 때까지 잡아당기는 시험을 통하여 알아낸다. 나무와 철은 강함의 크기는 서로 다르지만, 누름과 잡아당김 그리고 휨이 작용하는 구조부재에 적절한 재료이다. 벽돌과 콘크리트는 누르는 힘에는 잘 견디는 재료지만, 잡아당김이나 휨에는 누름에 비하여 상대적으로 약한 재료이다.

재료 중에는 서로 다른 성질의 재료를 함께 사용하여 장점을 살리고 단점을 보완하는 복합재료가 있다. 가느다란 나무막대를 한 번에 하나씩 부러뜨리는 것은 쉬운 일이다. 그러나 여러 개의 나무막대를 한꺼번에 잡고 부러뜨리는 것은 쉬운 일이 아니며, 같은 개수의 나무막대를 접착제로 붙여 서로 미끄러지지 않게 만든 후 부러뜨리는 것은 더욱 어렵다. 복합재료는 나무막대를 접착제로 붙여서 마치 하나의 굵은 막대로 만든 것과 같은 원리이다. 여러 개의 나무막대를 한꺼번에 묶었지만 막대와 막대 사이에 미끄러짐이 생기면 이것은 복합재료라고 할 수 없다.

철근콘크리트는 콘크리트를 철근으로 보강하여 잡아당김과 휨에 약한 콘크리트의 성질을 보완한 대표적인 복합재료이다. 마치 우리가 허리를 뒤로 젖히면 척추를 중심으로 배 근육이 늘어나면서 몸무게를 잡아당김으로 척추가 휘어져 부러지지 않도록 힘의 균형을 유지하는 것과 같은 원리이다.

재료가 사용될 부분에 어떤 종류의 힘이 얼마만 한 크기로 발생하고 그 재료를 사용한 구조부재의 성능이 어느 정도일 것인가는 실험이나 수학적 모델(mathematical model)을 통하여 알아낸다. 수학적 모델이라 함은 어떤 현상으로부터 우리가 알고자 하는 바를 수식으로 표현하여 수학계산을 통하여 예측하는 방법이다. 수학적 모델에는 입력데이터(input data)와 결과 값(output)이 있다. 예를 들어 10원짜리 연필 열 자루를 사려다가 마음이 바뀌어 20원짜리 공책 두 권을 함께 사려고 한다면 가지고 있던 돈으로 살 수 있는 연필은 여섯 자루가 된다. 이 관계의 수식이 수학적 모델이고 연필가격과 공책가격 및 공책의 수는 입력데이터, 살 수 있는 연필의 수는 결과 값이 된다.

탄성한도 안에서 건축구조물의 힘과 변형의 관계를 예측하는 스프링의 관계, 즉 후크의 법칙(Hooke's Law)도 수학적 모델이라고 할 수 있다. 이를 위하여 고려할 사항은 구조재료의 성질, 지반상태, 건축구조물에 작용하는 여러 종류의 무게, 바람, 지진 등이다. 이때 가급적 실제 상황에 가깝게 여건을 만들어 놓아야 신뢰할 수 있는 값을 얻을 수 있다. 그러나 현실적으로는 실험에서나 수학적 모델을 사용함에 있어서 건축구조물이 겪어야 할 여러 가지 여건을 실제에 가깝게 만든다는 것은 실험실의 규모와 장비, 비용 및 시간적인 요인을 고려할 때 대부분의 경우 불가능하다. 그러므로 여러 전문가들의 이론과 경험에 근거하여 안전 측으로 만들어진 설계기준을 사용하지만, 설계기준에도 사용의 편리를 위하여 실제 상황을 간략하게 이상화하는 과정에서 의도하지 않은 불확실성이 포함되어 있음을 알아야 한다.

하중의 과학, 바람과 지진도 잊지 마

하중에는 고정하중처럼 예측이 가능하고 실제로 하중의 크기가 예측에서 크게 벗어나지 않는 하중이 있는가 하면, 지진하중처럼 언제, 어느 방향으로, 얼마만 한 크기로 발생할지 예측조차 할 수 없는 하중도 있다.

    하중(荷重, load)이란 짐이 얹혔다는 뜻으로 힘이 작용함을 의미한다. 힘은 뉴턴의 제2법칙에 따라서 질량과 가속도의 곱으로 나타낼 수 있으므로 이 지구상의 모든 것에는 존재한다는 이유만으로 힘, 즉 하중이 작용하고 있음을 알 수 있다. 그 이유는 지구에는 중력가속도가 있으며 이 세상의 모든 것은 질량을 가지고 있기 때문이다. 이러한 힘을 무게라고 일컬으며, 힘의 방향은 중력가속도의 방향인 지구중심을 향하고 있다. 중력가속도는 만유인력의 법칙에서 설명하는 지구의 끌어당기는 힘 때문에 생기는 가속도로서 지구중심을 향한다.

    건물의 무게는 건물자신의 무게와 건물의 기능에 의한 무게로 나누어 생각할 수 있다. 건물자신의 무게는 뼈대무게, 마감무게, 천장무게, 벽체무게, 전등무게, 지붕무게, 상·하수도관무게 등 건물자체에 붙어서 건물을 이루고 있는 모든 것의 무게의 합이다. 이러한 것들은 움직이지 못하고 건물의 수명기간 동안 붙어 있어야 하므로 건물의 무게를 고정하중(固定荷重, dead load)이라고 한다. 즉 죽은 듯이 고정되어 있는 무게라는 뜻이다.

    건물을 기능에 따라 나누어 본다면, 아파트를 포함한 주택, 학교, 상가, 식당, 공장, 백화점, 호텔, 교회, 병원, 사무실, 공연장, 체육관 등 다양하다. 각 건물의 기능에 따라 모이는 사람의 수와 모임방식 그리고 모이는 시간대가 다르며, 가구나 기계의 종류가 달라진다. 이렇게 건물의 기능에 의하여 결정되는 모든 무게의 합을 적재하중(積載荷重, live load) 또는 활하중(活荷重)이라고 한다. 즉 움직이거나 움직여질 수 있는 무게라는 뜻이다. 대개 건물의 무게는 엄청나기 때문에 일반적으로 적재하중은 고정하중보다 작지만, 항상 그런 것은 아니다.

중력방향무게에는 고정하중과 적재하중만 있는 것이 아니다. 겨울에 눈이 와서 지붕이나 옥상에 쌓이면 눈도 무게가 되어 건축구조물에 부담으로 작용한다. 눈의 무게는 눈에 포함된 수분의 양에 따라 결정되지만 대개 쌓인 눈 깊이의 10~20퍼센트 정도 깊이의 물의 무게로 환산할 수 있다. 여름에 비가 올 때 옥상의 배수구가 너무 좁거나 막히면 빗물이 옥상에 고여 무게로서 작용할 수도 있다.

그렇다고 모든 힘이 중력가속도 때문에 생겨나는 것은 아니다. 바람과 지진에 의한 힘은 중력가속도와 전혀 상관없는 힘이다. 바람이 어디서 와서 어디로 가는지 알 수 없는 것처럼 그 힘의 크기와 방향이 일정하지 않다. 바람에 의한 힘은 바람의 속도와 바람을 맞는 사물의 면적과 높이에 따라 결정된다.

바람이 세차게 부는 날에 바람을 맞으며 바람을 거스르는 방향으로 가는 것은 몹시 힘이 든다. 이럴 때 몸을 살짝 돌려서 몸의 옆면이 바람을 맞게 하면 바람을 맞는 면적이 줄어듦으로 해서 바람의 힘이 훨씬 약해짐을 느낀다. 또한 지면에 가까울수록 나무나 건물, 지형 등 여러 장애물로 인하여 건물에 작용하는 바람의 속도가 줄어들기 때문에 바람하중이 작아지지만, 건물의 위로 올라갈수록 바람하중은 커진다. 같은 속도의 바람이라도 높은 건물이 많은 도심지보다 장애물이 적은 벌판에서 바람하중의 크기는 커진다.

지진에 의한 힘은 질량과 가속도를 이용하여 설명된다는 면에서는 무게

> 그러므로 설계는 하중에 의한 건축구조물의 응답, 즉 요구량에 대하여 건축구조물이 충분한 보유능력을 갖추도록 조정하는 과정이다.

와 비슷하지만, 중력가속도가 아닌 지반가속도의 영향 때문에 생기는 힘이다. 지반가속도의 크기와 방향은 지진이 발생한 지점까지의 거리와 방향에 따라서 결정된다. 또한 중력가속도는 꾸준히 지구중심을 향하지만, 지진에 의한 지반가속도는 진동을 수반하기 때문에 앞으로 향하고 뒤로 돌아서는 등 변화가 무쌍하며, 그 방향 또한 예측불허. 그러므로 지진하중은 변화무쌍한 가속도의 변화로부터 발생하는 심한 속도변화로 인하여 건물에 충격을 가하는 하중이라고 할 수 있다. 마치 권투선수가 상대에게 가하는 펀치와 같이 가히 충격적이다.

이 모든 하중에 의하여 건축구조물에 작용하는 힘은 건축구조물이 수명기간 동안 기능을 다하며 안전하게 서 있기 위하여 극복하여야 할 대상이다. 마치 우리 축구 대표 팀이 월드컵 본선에 진출하기 위하여 물리쳐야 하는 여러 나라의 축구 대표 팀과도 같다. 목적을 위하여 꼭 필요하지만 반드시 극복하여야 목적을 달성할 수 있는 그런 것이라고 하겠다.

그러므로 설계는 하중에 의한 건축구조물의 응답, 즉 요구량에 대하여 건축구조물이 충분한 보유능력을 갖추도록 조정하는 과정이다. 상대방 축구 대표 팀의 전력을 예측할 수 있다면 그에 따른 준비를 철저히 하여 경기를 승리로 이끌 가능성이 크지만, 그렇지 않은 경우에는 경기를 준비하는 과정이나 경기를 풀어나가는 과정에서 어려움이 따름을 본다. 마찬가지로 하중에는 고정하중처럼 예측이 가능하고 실제로 하중의 크기가 예측에서 크게 벗어나지 않는 하중이 있는가 하면, 지진하중처럼 언제, 어느 방향으로, 얼마만 한 크기로 발생할지 예측조차 할 수 없는 하중도 있다.

재미있는 것은 하중이 불확실할수록 그 발생 가능성이나 빈도수는 작아진다는 것이다. 고정하중은 항상 거기에 있는 그런 하중이기에 불확실함이 가장 작은 하중이다. 적재하중은 움직이는 하중이므로 있을 수도 있고 없을 수도 있다. 즉 공연장의 객석에 관객들이 꽉 들어차 있을 수도 있지만 공연이 없을 때에는 아무도 없게 된다. 공연 중일 때에는 객석이 사람들로 차 있다가도 공연이 끝나면 복도와 계단이 사람들로 붐비게 된다. 따라서 적재하중은 시간에 따라서 변화하므로 고정하중보다 불확실성은 커지지만, 발생빈도는 작아진다. 겨울의 눈이나 태풍 때의 바람하중은 적재하중보다 불확실성이 큰 하중이며, 발생빈도도 훨씬 작아진다. 지진하중은 그야말로 불확실한 하중이며, 발생빈도는 지진의 세기와 위치에 따라서 수년 내지 수십 세기에 한 번 정도인 것으로 추정되는 경우도 있다.

하중이 불확실하다는 것은 요구량을 정확하게 파악할 수 없다는 것이 되고, 정확하지 않은 요구량을 능가하는 보유능력을 확보하기 위해서는 안전을 위하여 어느 정도의 과다설계(過多設計, over-design)가 불가피하게 될 소지가 다분히 있다. 다만 하중이 불확실할수록 발생빈도가 낮기 때문에 과다설계의 가능성을 희석시킬 수 있는 요인이 되기도 한다.

이외에도 하중에는 온도하중과 침하하중(沈下荷重, displacement load)이 있다. 다른 모든 하중들은 힘으로서 구조물에 작용하고 결과적으로 구조물의 변형이 발생하지만, 이들의 특징은 힘이 직접 작용하는 것이 아니라 먼저 변형이 발생하고 그 결과로 힘이 발생한다.

　온도가 변화하면 물체는 팽창하거나 수축하는데, 구조부재의 주변이 묶여서 수축·팽창이 자유롭지 못하면 구조부재에는 힘이 발생하며, 이러한 힘을 온도하중이라고 한다.

　지반은 스프링과 같아서 건물의 무게 때문에 크지는 않지만 변형한다. 즉 아래로 가라앉는다. 이때 건축구조물의 기초 중 일부가 다른 기초보다 더 또는 덜 가라앉게 되면 건축구조물에는 예기치 않은 힘이 발생하여 구조물에 이상이 온다. 이는 마치 책 한 권을 한쪽 발밑에 놓고 양 발바닥을 바닥에 붙인 후 몸을 꼿꼿이 펴고 서 있으면, 오래지 않아 허리에 통증이 오는 것과 같은 원리이다. 이렇게 기초가 균일하지 않게 가라앉음으로 인하여 발생하는 힘을 침하하중이라고 한다.

　같은 기능의 건물이라도 설계자에 따라 적재하중의 크기를 천차만별로 예상할 수 있다. 눈도 폭설이 내리는 해가 있는가 하면, 겨울가뭄이 드는 해도 있다. 바람도 마찬가지이며, 지진은 도무지 감이 잡히지 않는 하중이다. 구조설계자 개개인이 이러한 모든 하중들을 고려하여 각자가 취향대로 설계를 한다면, 너무 과하다 싶게 안전한 건물로부터 불안할 정도로 취약한 건물까지 그야말로 천차만별의 안전율을 지닌 건축구조물이 지어질 것이다. 이러한 상황을 해소하고자 설계 시 '하중기준'을 사용한다. 하중기준은 각 하중별로 안전을 위하여 구조설계자가 고려하여야 할 최소한의 요건을 명기한 규칙이다. 그러므로 현실적 여건을 고려한 엔지니어의 판단에 따라 하중기준보다 큰 하중을 견디도록 건축구조물을 설계할 수는 있지만, 하중기준보다 작은 하중을 설계하중으로 사용하는 것은 허용되지 않는다.

기초가 튼튼해야 최고야!

땅바닥과 발바닥의 관계는 지반과 기초의 관계와 같고, 건물의 기초는 우리 몸의 발바닥과 같은 역할을 한다.

우리가 땅에 발을 딛고 서 있을 수 있는 것은 땅바닥이 우리 몸무게를 받쳐줄 수 있을 정도로 충분히 강하기 때문이다. 동시에 우리의 발바닥도 우리 몸무게가 한꺼번에 몰려도 될 만큼 강하기 때문이기도 하다. 땅바닥과 발바닥 모두는 우리 몸무게에 비하여 충분히 강하여야 우리가 제대로 서 있을 수 있을 뿐만 아니라, 우리의 몸이 원하는 대로 활동할 수 있다.

우리가 진흙 위를 걷는다면 발바닥이 진흙 아래의 단단한 흙에 닿기까지 꺼져 내린다. 하얗게 쌓인 눈을 밟으면 역시 단단한 땅바닥까지 또는 눈이 굳어 단단해진 곳까지 발이 빠져 들어간다. 잔잔한 호수 위에 서게 되면 온몸이 바로 물속으로 들어가 잠기게 된다. 이와 같이 발바닥을 받치는 바닥이 강하지 못하면 발바닥은 충분히 강한 바닥을 만나기까지 우리의 몸무게로 인하여 아래로 내려가게 된다.

그렇다면 강하지 못한 바닥을 딛고 서 있으려면 어떻게 하여야 할까? 몇 가지 방법을 생각해볼 수 있다. 첫째는 무른 바닥이 발바닥의 누르는 압력에 견딜 수 있을 정도가 되도록 발바닥을 넓히는 것이다. 눈신(snow shoes)이나 물신(water shoes)은 발바닥을 넓혀 눈이나 물에 빠지지 않도록 만든 좋은 예이다. 둘째는 힘이 흐르는 길을 바꾸는 것이다. 즉 발바닥으로부터 무른 바닥으로 직접 힘이 전달되지 못하도록 나뭇가지를 붙잡고 매달리거나, 발바닥

건물의 기초는 우리 몸의 발바닥과 같은 역할을 한다.

에 기다란 막대를 수직으로 붙여서 무른 바닥 아래의 단단한 바닥에 닿도록 하는 것이다.

이와는 반대로 땅바닥은 강하지만 발바닥이 강하지 못한 경우에도 우리는 바닥에 발을 딛고 똑바로 서 있을 수 없다. 예를 들어 한쪽 발에 뾰두라지가 생기면 그 발로는 땅을 제대로 디딜 수 없게 된다. 그래서 한쪽발로만 바닥을 딛고 서면, 온몸의 무게가 한쪽으로 쏠려 오래 서 있을 수 없을 뿐만 아니라 중심을 잡기도 어렵다. 또한 두 발이 모두 건전하더라도 힘에 겨운 무거운 짐을 지면 발이 쉽사리 피로해지므로 오래 서 있을 수 없다.

땅바닥과 발바닥의 관계는 지반과 기초의 관계와 같고, 건물의 기초는 우리 몸의 발바닥과 같은 역할을 한다. 그러므로 땅바닥과 발바닥을 통하여 지금까지 설명한 것들은 건물의 기초에 그대로 적용할 수 있다. 다만 사람은 두 개의 발바닥이 있을 뿐이지만, 건물은 대개 여러 개의 기초를 가지고 있을 수 있다.

일반적으로 키가 큰 사람의 발은 크기 마련이다. 키가 큰 만큼 몸무게도 많이 나갈 것이고 발바닥을 통하여 땅바닥으로 흘러가는 무게도 클 것이기 때문에 발이 큰 것은 자연스러운 것이 된다. 마찬가지로 건축물의 무게가 크게 작용하는 기둥의 기초는 그 면적이 넓게 된다. 마치 눈이나 물에 빠져들어 가지 않으려고 눈신이나 물신을 신어 발바닥의 면적을 넓히는 것처럼, 건축물의 무게에 비하여 지반이 무르면, 즉 충분히 강하지 못하면, 기초의 면적이 넓어져야 한다. 기초의 면적이 지반의 강함 정도와 관련이 깊다는 것은 기초의 면적이 지반을 보호할 목적으로 결정된다는 것을 뜻한다. 이는 눈이나 물에 발이 빠져들어 가는 것처럼, 약한 지반 아래로 기초가 빠져들어 간다는 것은 지반의 파괴를 의미하기 때문이다. 지반이 파괴된다는 것은 발을 딛고 설 바닥이 파괴되어 더 이상 디딜 수 없게 된다는 것과 마찬가지이다.

지반이 아주 강하면 필요한 기초의 면적이 아주 작게 되어 이론적으로는 기초 없이 기둥만으로도 지반 위에 올려질 수도 있다. 역으로 지반이 약하면, 기초의 면적이 너무 크게 되어 기초와 기초 사이의 간격이 좁아지게 되고, 이로 말미암아 기초와 기초가 서로 거의 붙다시피 될 수도 있다. 이럴 때에는 기초와 기초 사이를 콘크리트로 채워 넣어 건물전체 면적이 기초가 되게 하는 뗏목기초(또는 온통기초)를 사용하는 것이 경제적일 수도 있다. 즉 재료(콘크리트)는 더 많이 사용하게 되지만, 기초의 형태를 만드는 거푸집의 양과 함께 인건비를 줄일 수 있기 때문이다. 재료비와 인건비 중 어느 것을 줄이는 것이 더 경제적인가는 지역과 시대, 그리고 시공주체에 따라 다를 수 있다.

배의 무게중심이 어느 한쪽으로 치우치면, 물의 부력이 배의 물에 잠긴 부분에 걸쳐서 고르게 분포하더라도, 배는 기울어지게 된다. 뗏목기초는 말 그대로 배가 물 위에 떠 있듯이, 건물을 연약한 지반 위에 올려놓는 역할을 한다. 다만 지반이 연약하다고 하더라도 건물무게에 비하여 상대적으로 연약하다는 것이지 물처럼 유연하지는 않다. 그렇지만 물 위에 떠 있는 배와 마찬가지로 뗏목기초 위에 세워진 건물의 무게중심이 한쪽으로 치우치면, 건물도 기울어질 수 있다. 더욱이 지반은 물처럼 동질(同質, homogeneous)의 재료로 구성된 것이 아니므로 기울어질 가능성은 더욱 커질 수 있으므로 주의하여야 한다.

지반이 아주 연약하여 뗏목기초로도 해결할 수 없을 때에는 말뚝기초를 사용한다. 발바닥에 기다란 막대를 수직으로 붙이는 것처럼, 말뚝기초는 지반에 말뚝을 박고 그 위에 기초를 설치함으로써 구성하며, 연약한 지반 아래에 있는 단단한 지반에 하중을 직접 전달시키는 역할을 한다. 일반적으로 건물에 사용하는 말뚝으로는 철근콘크리트나 철골로 구성된 기성제품을 주로 사용하며, 기둥을 통하여 전달되는 건물의 무게에 따라 한 개로부터 여러 개를 기둥주변에 고르게 분포시킨다. 그러나 건물의 무게가 매우 커지게 되면 기성제품 말뚝으로는 충분치 않기 때문에 커다란 규모의 말뚝이라고 할 수 있는 피어나 케이슨 등을 사용한다. 무게가 크지 않을 때에는 나무말뚝도 사용하지만, 부패를 막기 위하여 말뚝이 항상 물속에 잠겨 있을 수 있는 경우에만 사용한다.

말뚝은 지구중심으로 향하는 중력방향의 하중을 단단한 지반으로 전달하는 데에는 상당히 효율적이지만, 지반을 수평·수직방향으로 흔드는 지진하중에는 상당히 취약할 수 있다. 마치 발바닥에 기다란 막대를 수직으로 붙임으로 물 위에 서 있을 수는 있지만, 수평으로 몰아치는 파도에는 그리 좋은 대책이 아닌 것과 같다고 하겠다. 지진의 수평으로 흔드는 요소가 말뚝에 수평방향으로 힘을 발생시키면, 말뚝은 단면에 비하여 길이가 길어서 수평방향으로는 유연하기 때문에 지반과 함께 변형하며, 심한 경우에는 손상되고 소성변형을 한다. 대개 말뚝기초를 사용하는 지반은 연약하기 때문에, 지진으로 인하여 말뚝이 손상되면, 말뚝기초는 지진이 작용하기 전의 하중전달능력을 유지하지 못하게 될 가능성이 크다.

물 위에 떠 있는 같은 크기의 종이와 나무판자의 가운데에 똑같은 무게의 쇠구슬을 놓으면, 종이는 가운데가 우묵 들어가면서 꺼져 내리고 결국은 쇠구슬과 함께 물속으로 들어가게 되지만, 나무판자는 쇠구슬의 무게를 능히 지탱하고 물 위에 떠 있을 수 있다. 쇠구슬의 무게가 같고 종이와 나무판자의 면적이 같기 때문에 물에 전달되는 단위면적당 힘은 종이나 나무판자가 같음에도 불구하고, 왜 종이에 놓인 쇠구슬은 가라앉게 될까?

종이는 쇠구슬의 무게로 인하여 크게 변형하지만, 나무판자의 변형은 상대적으로 작기 때문이다. 즉 쇠구슬 바로 아래 종이의 변형이 큰 만큼 종이의 면적은 줄어들게 되며, 이에 따라 단위면적당 힘은 더 커지게 되고, 종이의 변형은 더욱 커지고 따라서 쇠구슬은 더 많이 가라앉게 되는 과정을 반복하며 쇠구슬이 놓인 종이는 물속으로 가라앉게 되는 것이다. 무거운 쇠구슬도 물 위에 띄울 수 있는 정도로 종이의 면적이 아주 넓은 경우에는 종이 전체가 가라앉기보다는 쇠구슬이 놓인 부분의 종이에 구멍이 뚫려 쇠구슬만 가라앉을 수도 있다.

마찬가지로 지반이 충분히 강하더라도 기초판의 강성(剛性, rigidity)과 강도(强度, strength)가 충분하지 않으면, 쇠구슬이 놓인 종이처럼 기초판이 심하게 변형하여 결국은 응력집중으로 말미암아 지반이 손상되거나, 쇠구슬이 놓인 부분에 구멍이 뚫리듯이 기초판의 파손으로 이어지게 된다. 기초판의 강성은 기초판의 두께를 사용하여 조절할 수 있고, 강도는 기초판의 두께와 함께 적절하게 철근을 배근함으로써 조절할 수 있다.

건물의 무게에 비하여 기초와 지반이 모두 충분히 강하더라도 지반의 강성이 건물평면 전체를 통하여 균등하지 않으면 건물무게로 인하여 지반의 가라앉는 정도가 위치 별로 서로 다른 부동침하(不同沈下, differential settlement)가 발생한다. 지반은 구조체로서 스프링의 성질을 가지고 있기 때문에 건물의 무게로 인하여 중력방향으로 변형하는 것, 즉 지반의 가라앉음을 피할 수는 없다. 대개의 경우 지반은 균일하지 않으며 기초의 단위면적당 지반으로 전달되는 힘도 모든 위치의 기초에 대하여 일정하지 않기 때문에 어느 정도의 부동침하는 피할 수 없다. 그러나 심한 부동침하는 지반과 기초 모두가 건전함에도 불구하고 건물에 피해를 입힐 수 있다. 마치 사람이 한 쪽 신발은 신고 다른 쪽 신발은 벗은 후, 몸을 똑바로 유지하고 서 있으려고 하면 발바닥의 균형이 맞지 않음으로 인하여 허리에 통증이 오는 것과 마찬가지이다. 건물에 원인이 분명하지 않은 균열이 발생하면 많은 경우에 부동침하가 원인일 수 있다.

기초는 건물이 지어진 후에는 땅속에 묻혀 보이지 않기 때문에 문제를 찾기도 보수하기도 어렵고 많은 비용이 들게 되므로 주의를 요한다.

모든 하중이 모이는 곳, 지반

> 기초가 부실한 건축구조물은 제대로 서 있을 수 없으며, 당장은 문제가 없는 것처럼 보이더라도 언젠가는 치명적인 결함이 발생할 수 있다. 이들은 기초가 얼마나 중요한 것인가를 보여 주는 예이다. 이렇게 중요한 기초가 놓이는 곳이 지반이다.

흙은 빛, 물, 공기와 함께 사람을 비롯한 동물과 식물이 살아가는 데에 꼭 필요한 근본적인 요소이다. 너무나 소중한 나머지 그 소중함을 잊고 지내기도 한다. 그러나 누가 알아주건 알아주지 않건 이러한 근원적인 요소들은 항상 있어 왔고, 우리는 이들이 당연히 있을 것으로 믿고 있다. 우리는 흙 위에서 우리의 생활을 영위하고 있다. 아니 당연히 있을 것으로 믿는 믿음 위에서 생활을 영위하고 있다는 것이 옳다.

흙은 움직이지 않고 안정되어 있다. 물론 지질학적으로 지각은 운동 중이라고 하지만, 지구지름의 약 750만분의 1에 불과한 키를 가지고, 지구에 비하면 찰나(刹那, instant)에 불과한 수명을 살고 있는 우리들에게 그래도 지구는 안정된 곳이다. 나무는 흙에 뿌리를 박고 서 있다. 동물들은 흙 위를 기어 다니며 살아간다. 사람들은 흙을 딛고 그 위에 집을 짓는다.

흙은 참으로 묘한 물질이다. 재료로 사용되면서도 또한 그 자체가 구조물일 수 있기 때문이다. 흙을 발라 말린 것을 벽으로 사용한 우리나라 고유의 흙집이 있고, 흙을 일정한 형태로 구워 만든 벽돌집이 있다. 흙은 알갱이로 구성되어 있지만, 도도하게 흐르는 강가의 둑이 되어 물길을 유지할 수도 있다. 높이 수백 수십 미터에 이르는 엄청난 양의 물을 저장하는 댐이 되기도 한다.

건축구조물을 받치고 있는 흙을 지반(地盤, ground)이라고 일컫는다. 지반은 건축구조물의 각 부분을 통하여 흘러 전해 내려오는 모든 하중이 전달되는 최종 종착지이다. 건축구조물과 지반의 경계에는 기초가 있으며, 하중의 전달은 기초 밑바닥과 이에 닿는 지반과의 면에서 이루어진다. 하중이 전달된다는 것은 하중으로 인하여 발생한 힘에 저항한다는 것을 뜻한다. 힘에 대하여 저항하는 것이 없다면 하중의 전달이나 힘의 흐름은 있을 수 없다.

힘이 전달되고 힘에 대하여 저항한다는 것은 지반도 구조물과 같이 스프링의 성질을 가지고 있음을 암시하는 것이다. 즉 힘이 가해지면 지반도 변형한다는 뜻이다. 지반의 변형은 하중이 가해지는 방향인 중력방향, 즉 지구중심방향으로의 처짐이며, 이로 인하여 기초가 침하(沈下, settlement)한다. 기초의 침하라 함은 지반의 처짐으로 인하여 기초가 가라앉는다는 것이다. 지반이 구조체와 마찬가지로 스프링의 성질을 가지고 있는 한 침하는 피할 수 없지만, 지반에 따라서 그리고 건물의 무게에 따라서 침하하는 정도의 차이가 있을 뿐이다.

그렇다고 지반이 완전한 스프링의 성질을 가지고 있다는 것은 아니다. 완전한 스프링이란 힘을 가하면 변형하며, 힘을 제거하면 변형이 없어지고, 변형 전 원래의 모습으로 회복되는 것인데, 지반은 그렇지 못하다. 지반이 가지는 스프링의 성질은 점탄성(粘彈性, viscoelasticity)이라고 하는데, 이는 점성과 탄성을 함께 지니고 있다는 뜻이다. 점탄성으로 인하여 지반의 처짐은 하중의 크기뿐만 아니라 시간의 흐름에 의해서도 영향을 받는다. 따라서 힘을 제거한 후에도 영구적인 변형이 남게 된다. 이러한 특성은 흙 알갱이의 크기와 물의 함량 때문에 나타나는 복잡한 현상을 수학모델로 표현하기 위하여 고안된 것이다.

우리는 지반이 무한히 강하고 아무리 무거운 하중도 척척 받쳐 줄 것으로 기대하고 있다. 그러나 흙도 재료로 이루어져 있으니 만큼 재료의 한계를 벗어날 수는 없는 일이다. 일반적으로 지반을 구성하는 기본적인 요소로는 진흙, 모래, 자갈 및 암반(岩盤, rock)을 들 수 있다. 이외에 추가되는 중요한 요소가 물이다. 지반은 이 중 어느 한 가지로 구성되어 있기보다는 대개 모래와 진흙이 혼합되어 구성되며, 그 혼합비와 물의 함량 그리고 암반의 깊이에 따라서 지반의 성질이 결정된다. 지반은 땅속에 있고 하중이 전달되는 범위가 넓고 깊기 때문에, 때로는 기초가 놓이는 부분 아래로 일정한 깊이까지 지반을 구성하고 있는 흙의 성질을 파악하여야 할 필요가 있다.

지반의 성질이라 함은 대개 건물의 기초를 설계하고 시공하기 위하여 필요한 정보로서 지내력(地耐力, soil bearing capacity), 흙의 밀도, 물의 함유량, 암반까지의 깊이, 지하수의 높이(위치) 등을 포함하고 있다. 이러한 정보는 일반적으로 지반조사를 전문으로 하는 엔지니어링회사에서 현장조사와 실험을 통하여 얻게 되며 설계자와 시공자에게 전달된다.

지반조사는 현장에서 직접 수행하는 현장조사와 실험실에서 수행하는 실험으로 구성된다. 기초가 놓일 것으로 예상되는 범위의 지반 여러 곳에 땅속 깊은 곳까지 작은 구멍을 뚫어가며 지하수의 위치와 각 깊이 별로 흙의 저항정도를 측정하고, 실험할 흙의 시료(試料, sample)를 채취한다. 비용을 생각하면 최소한의 수만큼 구멍을 뚫어야 하지만, 가급적 여러 곳에 구멍을 뚫어 조사하는 이유는 변화무쌍할 수도 있는 땅속의 사정을 겉으로 보아서는 알 도리가 없기 때문이다. 지반조사는 기초설계를 위하여 매우 중요한 과정이다. 지반조사를 수행한 엔지니어링회사는 지반조사 결과와 함께 그 지반에 적절하다고 여겨지는 기초형태를 추천한다.

배움에 있어서도 기초가 충실해야 발전이 있다. 운동이나 공부를 하더라도 기초체력이 중요하다고 한다. 나라의 과학기술이 발전하려고 하여도 기초

지반은 건축구조물의 각 부분을 통하여 흘러 전해 내려오는 모든 하중이 전달되는 최종 종착지이다.

과학이 부실하면 불가능하다. 사람도 기본이 되어 있어야 어느 곳에서나 필요로 하는 인재가 될 수 있다. 기초가 부실한 건축구조물은 제대로 서 있을 수 없으며, 당장은 문제가 없는 것처럼 보이더라도 언젠가는 치명적인 결함이 발생할 수 있다. 이들은 기초가 얼마나 중요한 것인가를 보여 주는 예이다. 이렇게 중요한 기초가 놓이는 곳이 지반이다.

지내력은 구조설계자가 기초를 설계하기 위하여 직접적으로 필요한 정보로서, 지반이 파괴에 이르지 않으면서 얼마만 한 크기의 힘을 받아 줄 수 있는지를 나타내는 지표이다. 그래서 지내력을 허용지내력도(許容地耐力度, allowable soil bearing capacity)로서 표현하며, 단위면적당 수용할 수 있는 힘의 크기로 나타낸다. 허용지내력도와 실제로 지반이 파괴될 때의 것으로 추측되는 예상 강도(豫想强度, probable strength) 사이에는 커다란 차이가 있는데, 이는 흙의 성상으로부터 지내력을 예측할 때에 존재하는 불확실성이 크기 때문이고, 지반을 안전하게 보호하기 위함이다.

지하수의 위치가 너무 높으면, 즉 지하수가 지표면에 가깝게 위치해 있으면, 기초공사에 큰 어려움을 겪게 되고, 이는 공사비 증가의 원인이 된다. 기초공사를 하려면 땅을 파야 하는데, 파놓은 구덩이에 지하수로부터 물이 흘러 들어오면, 물속에서 공사를 하여야 하는 어려움이 있기 때문이다. 특히 지하실이 있는 건물의 경우에는 건설을 마친 후에도 물이 지하실로 들어오지 못하도록 철저한 방수를 하여야 하므로 비용증가의 또 다른 원인이 된다. 지하수의 위치는 비가 많은 계절과 건조한 계절에 따라 오르내리게 되므로 주의를 기울여야 한다.

인구가 도시에 집중하면서 구조물을 건립할 수 있는 평평한 땅이 부족하게 되면 인공적으로 대지를 조성할 수밖에 없게 된다. 언덕을 깎아내어 땅을 평탄하게 만드는 것을 절토(切土, cutting)라고 하며, 흙을 돋워 대지를 높이는 것을 성토(盛土, raising)라고 하고, 계곡에 흙을 메워 대지를 조성하는 것을 매립(埋立, filling)이라고 한다. 절토를 하면 건물의 무게로 인하여 깎여진 방향으로 흙이 흘러내릴 가능성이 있기 때문에 안전한 각도를 유지하여 깎든지, 옹벽과 같은 구조물을 세워 흙이 안정을 유지하도록 조치하여야 한다. 성토나 매립한 경우에는 지반이 안정되기까지는 오랜 기간이 걸리므로 주의를 요한다.

오랜 기간에 걸쳐 안정을 유지하고 있는 주변의 기존 지반에 비하여 새로운 흙을 쌓아 조성된 성토나 매립지반은 상대적인 유연함을 피할 수 없다. 이러한 상태에서 지진을 맞게 되면, 긴 주기(週期, period) 성분의 지진의 세기가 증폭되어 긴 기본주기(基本週期, natural period)가 지배하는 고층건물에 피해를 가져올 수도 있다. 실제로 오랜 기간의 부드러운 퇴적물로 조성된 지반 위에 긴립된 멕시코시티에 들어 닥친 1985년의 지진은 리히터 규모 8.1로 많은 고층건물이 피해를 입은 사례를 보여 준다.

절토된 지반을 진동시키면, 지반과 건물이 깎여진 방향으로 흘러내리는 현상이 발생할 수도 있다. 물이 함유된 진흙이 주성분인 성토 및 매립지반을 진동시키면 마치 부침개용 반죽처럼 형질이 흐트러진다. 이러한 현상을 액상화(液狀化, liquefaction)라고 하는데, 이러한 지반 위에서는 더 이상 건물의 안정을 기대할 수 없으며 건물이 통째로 넘어질 수도 있다. 이러한 현상들은 영화에만 나오는 장면이 아니라, 지진으로 말미암아 지반에 발생할 수 있는 그리고 결과적으로는 건축구조물에 발생할 수 있는 현상일 수도 있다.

힘이 흐르는 길

흐르는 물은 시작과 끝이 있다. 물의 흐름은 어느 산골짜기의 옹달샘에서 시작되어 시내와 강을 흘러서 바다에 도착하는 것으로 끝을 맺는다. 마찬가지로 건축구조물을 흐르는 힘도 시작과 끝이 있고, 흐르는 순서가 있다.

무협영화를 보면 무술의 고수들이 장풍(掌風)을 일으키는데, 손바닥으로부터 힘이 나와 허공을 통하여 전달되어 멀리 떨어져 있는 상대에게 일격을 가하면 상대방 주변의 나무나 돌들이 산산이 부서지는 장면이 종종 등장한다. 그러나 우리가 사는 실제의 세계에서는 이러한 방법으로 힘의 전달이 이루어지지 않는다. 힘의 전달은 물체를 통하여 이루어진다. 엄밀히 말하면, 힘의 전달은 물체의 이동(즉 변형)을 통하여 이루어진다.

그러므로 힘은 길을 따라 흐른다고 할 수 있으며, 물체가 그 길 역할을 한다. 마치 물이 작은 도랑, 시내, 강 또는 상·하수도관을 따라 흐르듯이, 마치 전기가 전선을 따라 흐르듯이 힘도 흐르는 길이 있다. 건물에서 힘은 구조부재를 통하여 흐르는데, 바닥 판, 보, 기둥, 벽체, 기초 등이 이에 속한다. 구조설계에서는 구조부재를 통하여 흐르는 힘을 벡터를 사용해서 시각화하여 표현한다.

흐르는 물은 시작과 끝이 있다. 물의 흐름은 어느 산골짜기의 옹달샘에서 시작되어 시내와 강을 흘러서 바다에 도착하는 것으로 끝을 맺는다. 전기도 발전소에서 생산되어 전선을 타고 변전소를 거쳐 가전제품에 전달되는 것으로 끝을 맺는다. 마찬가지로 건축구조물을 흐르는 힘도 시작과 끝이 있고, 흐

힘의 방향이 어떠하든지 건물에 적용하는 힘은 지반으로 전달된다. 그 이유는 건물이 지반 위에 서 있기 때문이다

르는 순서가 있다.

바닥 판에 놓인 여러 물건들의 무게는 바닥 판을 흐르는 힘이 되어 바닥판을 받치고 있는 보나 벽체로 전달된다. 보에 모인 힘은 보를 받치고 있는 기둥으로 흘러간다. 기둥이나 벽체에 모아진 힘은 그 아래층의 기둥이나 벽체로 흘러가서 건물 맨 아래에 놓인 기초를 통하여 지반으로 전달됨으로써 힘의 흐름은 끝을 맺는다. 즉 건물에 작용하는 모든 힘의 종착지는 지반이다.

건전한 지반은 건축구조물을 통하여 흘러온 힘을 넉넉히 받아 주지만, 지반이 연약하면 기초와 지반이 닿는 면에서 힘이 제대로 전달될 수 없으므로 기초는 충분한 힘을 지닌 지반 층을 찾아 더욱 아래로 내려가려고 하는데 이는 지반이 파괴됨을 의미한다. 지반의 파괴를 막으려면 기초평면크기를 크게 하거나 말뚝 등을 이용하여 지반을 개량하여야 한다.

건물에 작용하는 힘에는 물건의 무게처럼 지표면에 수직한 지구중심방향으로 작용하는 힘만 있는 것이 아니라, 바람이나 지진과 같이 지표면에 대하여 수평으로 작용하는 힘도 있다. 힘의 방향이 어떠하든지 건물에 작용하는 힘은 지반으로 전달된다. 그 이유는 건물이 지반 위에 서 있기 때문이다. 마치 사람의 발이 바닥을 온전히 딛고 있어야 무거운 물건도 들어 올리고 누가 밀어도 넘어지지 않도록 몸의 중심을 유지할 수 있는 것과 같은 원리이다.

어렸을 때 친구들과 하던 놀이 중에 두 사람이 양 발을 앞뒤로 벌리고 서서, 앞으로 벌린 발을 서로 밀착시킨 후, 서로의 한쪽 손을 잡고, 잡은 손을 통하여 서로를 밀고 당겨서 상대를 넘어뜨리면 이기는 놀이가 있다. 이때 상대방이 밀거나 당기는 힘 때문에 앞으로 벌린 발이나 뒤로 벌린 발이 보통 때보다 더욱 큰 힘으로 바닥을 누르거나 또는 바닥으로부터 떨어지려고 하는 순간을 경험하게 된다.

마찬가지로 건물에 바람이나 지진으로 인하여 수평방향 힘이 작용하면, 건물의 기둥과 기초 중에는 지구중심방향 힘만 작용할 때보다 더 큰 힘이 작용하는 것들도 있고, 또는 더 작은 힘이 작용하거나 심할 경우 들어 올리는 힘이 작용하는 것들도 생기게 된다. 앞에서 설명한 밀고 당기는 놀이에서 쉽게 넘어지지 않으려면 가급적 앞뒤로 넓게 발을 벌려야 하듯이 수평으로 작용하는 힘에 의하여 발생한 건물의 기둥이나 기초를 들어 올리려고 하는 힘을 줄이거나 없애고자 한다면 건축구조물이 지반에 닿는 폭을 증가시켜야 한다.

자동차의 수에 비하여 차로의 수가 충분치 못하면 자동차가 지나는 길은 심한 교통체증을 겪게 된다. 홍수가 났을 때 강물이 넘치는 것은 강의 깊이와 폭이 불어난 물의 양을 수용할 정도로 충분히 크지 않기 때문이다. 겨울철에 수도관이 파괴되는 것은 수돗물이 얼면 부피가 증가하여 수도관을 밖으로 밀어내는 압력이 수도관의 보유능력을 초과하기 때문이다. 전기의 흐름에 비하여 전선의 굵기가 충분히 크지 않으면 저항으로 인하여 화재가 발생하거나 전선이 끊어지게 된다. 사람의 핏줄 안에 지방이나 노폐물이 쌓이게 되면 피가 흐르는 길을 좁히거나 막음으로 핏줄 안의 압력을 높게 하여 사람의 생명을 위협하게 된다.

    마찬가지로 구조물에 흐르는 힘에 비하여 구조부재의 강도(强度, strength)가 충분치 않으면 구조부재가 파손되어 안전을 위협하게 된다. 그러므로 구조설계자는 구조물에 흐르는 힘의 크기와 특성을 파악하여 구조부재가 충분한 보유능력을 지니도록 구조부재의 재료와 크기 및 형상을 정하여야 한다.

    힘이 흐르는 길은 하나일 수도 있지만 두 개 이상 여러 갈래일 수도 있다. 힘이 흐르는 길이 하나인 경우는 단순한 길이 되지만 두 개 이상일 때에는 복잡한 길이 된다. 힘이 흐르는 길이 단순할수록 구조물을 만들기도 쉽고 관리하기도 쉽지만, 복잡할수록 만들기도 어렵고 관리하기도 어렵게 된다. 여기까지 말하면 "아하! 힘이 흐르는 길은 단순하게 만들어야 하겠구나!" 하는 생각이 들겠지만, 실상은 정반대이다. 힘이 흐르는 길은 복잡하여야 구조물이 안전하다.

    무거운 물건을 하나의 줄에 묶어 들어 올리는 경우, 줄에 걸리는 힘의 크기는 물건의 무게 그 자체이므로 쉽게 계산이 되지만, 만일 줄에 이상이 생겨서 끊어지게 되면 물건은 땅으로 떨어지게 된다. 즉 구조시스템이 붕괴된다. 그러나 무거운 물건을 여러 개의 줄에 묶어 들어 올리면, 각 줄에 흐르는 힘의 크기를 구하는 과정은 더 복잡해지지만, 한두 개의 줄에 이상이 생겨 끊어지더라도 끊어진 줄에 흐르던 힘이 다른 줄로 흘러가기 때문에 물건이 떨어지지 않는다. 즉 모든 줄이 끊어지기 전에는 구조시스템은 붕괴되지 않는다.

    큰 힘이 흐르는 줄에는 그만큼 그 줄의 한계에 가까운 힘이 흐르는 것이지만, 작은 힘이 흐르는 줄은 힘을 추가하여 흐르게 할 수 있는 여력이 있는 것이므로 전체 시스템에서는 일종의 안전장치로서 역할을 한다고 할 수 있다.

여기서 한 개의 줄은 단순한 길의 예이고, 여러 개의 줄은 복잡한 길의 예이다.

무거운 물건을 들어 올리는 기중기나 고층건물 안에서 수직이동을 쉽게 하는 엘리베이터에는 여러 가닥의 가는 줄을 꼬아서 만든 쇠줄(케이블, cable)을 사용하는데, 이는 힘이 흐르는 길을 복잡하게 만들어 한 가닥의 굵은 줄을 사용하는 것보다 안전하게 하기 위함이다. 그러므로 오늘날 지어지는 대부분의 건축구조물은 힘의 흐름이 복잡하도록 지어진다.

힘이 흐르는 길을 복잡하게 만들더라도 실제로 힘은 자연의 법칙을 따라 간단하고 편한 길을 택하여 흐른다. 건물을 지은 후 그 주변에 잔디와 나무를 심고 이상적인 진입로(進入路, access)를 만들어 사람들의 동선(動線, circulation)을 유도하지만, 사람들은 편한 길을 택하기 때문에 얼마 지나지 않아 잔디에는 새로운 길이 여러 갈래 만들어지는 경우와 마찬가지이다.

힘이 흐르는 길을 복잡하게 만든다는 것을 조잡하게 만드는 것으로 오해하지 말아야 한다. 힘이 흐르는 길을 복잡하게 만든다는 것은 힘이 흘러갈 수 있는 길은 가급적 여러 갈래로 만들되 각 길은 단순하고 편하여야 함을 뜻한다. 단순하고 편안함은 자연의 법칙을 따를 때에 얻을 수 있다.

재료도 항복한다

사람이나 동물의 경우와는 다르지만, 재료나 구조물에도 '항복'이라는 말로 표현할 수 있는 현상이 있다. 즉 항복 후 저항력을 잃어버리는 재료와 항복 후에도 일정한 저항력을 지속적으로 유지하는 재료가 있다.

항복(降伏, yield)이란 "엎드려 굴복하다"라는 뜻으로 상대에게 저항하지 않겠다는 패자의 의도를 승자에게 전달하는 것이라고 할 수 있다. 전쟁영화를 보면, 싸우는 두 나라 중 하나가 항복할 때까지 맹렬한 전투는 계속되지만, 항복과 동시에 전쟁은 끝이 나고 승리한 나라는 패배한 나라를 지배하게 된다. 야생동물의 생태를 보여 주는 텔레비전 방송을 보아도 우두머리 자리를 놓고 겨루다가 패배한 동물은 다른 곳으로 떠나거나 꼬리를 내리고 승자에게 복종하는 것을 보게 된다.

사람이나 동물의 경우와는 조금 다르지만, 재료나 구조물에도 '항복'이라는 말로 표현할 수 있는 현상이 있는데 항복 이후에 보이는 반응에 따라 재료를 두 가지로 나눌 수 있다. 즉 항복 후 저항력을 잃어버리는 재료와 항복 후에도 일정한 저항력을 지속적으로 유지하는 재료가 있다. 마치 팔씨름을 할 때 있는 힘을 다하여 겨루다가 기세가 꺾이면 바로 힘이 빠져 바닥에 손등이 닿는 사람이 있는가 하면, 기세가 꺾인 후에도 바닥에 손등이 닿기까지 반전을 노리며 계속 저항하는 사람이 있음과 같다.

항복 후, 저항력을 거의 잃게 되는 재료로는 콘크리트, 벽돌, 유리 등이 있는데, 이러한 재료를 취성(脆性 brittle)의 재료라고 한다. 구조재료는 아니지만, 백묵도 부러진 후에는 저항력이 없으니 취성의 재료로 구성되어 있다고 하겠다. 이와는 달리 항복 후에도 일정한 크기로 저항력을 유지하는 재료도 있는데, 이를 연성(延性 ductile)의 재료라고 하며, 철이 이에 속한다. 손가락으로 철사를 잡고 구부려보면, 구부러지는 동안 내내 일정한 크기로 저항력을 발휘하지만 손가락의 힘을 줄이면 더 이상은 구부러지지 않음을 알 수 있다.

이해를 돕기 위하여 항복이라는 개념을 공학적인 면에서 정리할 필요가 있다. 항복이란 재료나 구조물에 힘을 가하였을 때 그 반응이 탄성(彈性, elastic) 영역으로부터 비탄성(非彈性, inelastic) 또는 소성(塑性, plastic)영역으로 넘어가는 경계에서 나타나는 현상으로 그 경계를 항복점이라고 한다.

탄성영역에서는 대개 힘과 변형이 항복점에 이르도록 서로 비례하며 커지다가, 항복점을 지나서 소성영역으로 들어서게 되면 취성재료의 저항력은 급격히 감소하여 곧 없어지게 되지만, 연성재료의 저항력은 더 이상 커지지는 않지만 항복점에서의 강도를 유지하며 변형만 커지는 현상이 나타난다. 그러므로 취성재료는 탄성영역에 비하여 소성영역이 극히 작은 재료라고 할 수 있으며, 연성재료는 탄성영역에 비하여 소성영역이 극히 큰 재료라고 할 수 있다.

탄성영역으로부터 항복점을 지나서 소성영역으로 들어서는 데에는 비용이 들게 된다. 즉 소성영역으로 들어서게 되면 재료나 구조물이 손상되기 때문이다. 손상된다는 것은 재료나 구조물이 파괴되는 경우뿐만 아니라, 철사를 구부렸다가 놓았을 때 남게 되는 영구변형도 포함한다. 그러므로 강한 지진이나 폭발사고 등과 같은 특수한 경우를 제외한 평상시 하중상태에서는 어떠한 경우에도 건축구조물이 항복하는 일이 발생하지 않도록 설계하여야 한다.

사람이나 동물이 항복하는 것은 우리 눈으로 보아서 알 수 있지만, 재료나 구조물이 항복하는 것은 어떻게 알 수 있을까? 애석하게도 항복 후 재료의 힘과 변형에 대한 반응을 건축구조물로부터 직접 얻어낼 수는 없는 일이다. 거대한 건축구조물을 구성하고 있는 재료가 항복점을 지나도록 힘을 가할 수 있는 장비도 없지만, 있다고 하더라도 멀쩡하게 사용 중인 건물의 구조재료를 굳이 항복시킬 이유가 없기 때문이다. 그렇다고 지진이 발생할 때에 건물 안에 남아서 목숨을 걸고 구조재료의 항복을 관찰할 수도 없는 노릇이다.

방법이 있다면 건축구조물을 대신하여 항복하고 소성영역으로 기꺼이 들어갈 희생양을 사용하는 것이다. 즉 건축구조물에 실제로 사용된 재료와 동일한 품질의 재료를 다루기 쉬운 일정한 크기로 만들어 실험실의 기기를 사용하여 인위적으로 힘을 가하면서 재료의 반응을 관찰하고 기록하는 실험적인 방법을 사용한다.

재료나 구조물에도 항복이라는 말로 표현할 수 있는 현상이 있다

그러면 재료의 항복과 건축구조물의 항복과는 어떤 관계가 있을까?

우리나라 고유의 민속놀이 중 하나인 줄다리기는 남녀노소 구분 없이 한꺼번에 모두 참여 할 수 있는 놀이이다. 사람들을 두 패로 나누어 튼튼하고 굵은 기다란 줄을 양편에서 잡고 자신이 속한 쪽으로 잡아당겨서 상대방 사람들을 끌어오면 이기게 된다. 줄다리기를 하나의 힘의 전달체계로 보면, 어느 한편이 끌려오게 된다는 것은 힘의 균형이 깨진다는 것이고, 이는 힘의 전달체계 즉 구조시스템이 항복하는 것으로 이해할 수 있다.

각자의 사정에 따라, 경기가 시작되자마자 곧 지쳐서 더 이상 힘을 쓸 수 없게 되는 사람, 즉 곧 항복하는 사람이 있는가 하면, 오랫동안 힘을 쓰며 견디는 사람도 있다. 줄다리기에는 많은 사람들이 함께 경기를 하기 때문에 누군가가 일찍이 항복하였다고 해서 줄다리기의 힘의 균형이 곧바로 깨지는 것은 아니다. 시간이 흐르면서 자신의 한계에 도달하여 항복하는 사람들이 늘어가면서 힘의 균형이 깨지는 상태로 점점 다가가게 되는 것이다.

누군가가 한계에 도달하여 더 이상 힘을 쓰지 못하게 되면, 이 사람이 저항하던 힘을 다른 어느 누군가가 부담하여야 힘의 균형이 유지되기 때문에 그 사람도 추가부담으로 인하여 오래지 않아 한계에 도달하게 되고, 이러한 현상은 힘의 균형이 깨지는 순간까지 계속된다. 이는 마치 힘의 요구량이 건축구조물의 보유능력을 초과하는 사태가 발생하여 건축구조물이 붕괴에 이르게 되는 과정과도 비슷하다고 할 수 있다.

일반적으로 건축구조물의 붕괴는 폭발하듯이 일어나는 것이 아니라 줄다리기에서처럼 가장 일찍이 보유능력의 한계에 도달한 구조부재가 먼저 항복하게 되고, 항복한 구조부재가 저항할 수 없는 힘은 다른 부재로 흘러가 그 부재에 추가부담이 되어 그 부재 역시 항복하게 되며, 이러한 현상은 건축구조물의 붕괴 메커니즘이 형성될 때까지 계속된다. 즉 힘의 균형이 가장 먼저 깨어진 부분에서 시작된 재료의 항복은 건축구조물 내 힘의 전달경로를 통하여 확산되며 힘의 모든 전달경로가 항복되기까지 계속된다.

건축구조물의 항복은 두 가지 면에서 생각하여야 한다. 첫째는 평상시 하중에 대하여, 둘째는 비상시 하중에 대하여서다. 건물자체의 무게나 기능에 의하여 작용하는 사람, 가구, 물건, 기계 등의 무게 및 수십 년 주기의 바람 등의 평상시 하중에 의해서는 구조물이 여하한 경우에도 항복하지 않도록 설계하여야 한다. 평상시 하중 때문에 항복하게 되면 너무 잦은 수리로 인한 비용도 문제이지만, 건축구조물의 강도에 여유가 없기 때문에 예기치 못한 순간에 자칫 붕괴에 이를 수도 있기 때문이다.

하지만, 강한 지진이나 폭발에 의한 하중이 작용할 때에는 구조물의 항복을 허용하도록 설계하여야 경제적이다. 즉 강한 지진이나 폭발은 자주 있는 하중이 아니며, 건물의 일생 동안에 한 번 정도 있을까 말까 한 경우에 대하여도 항복하지 않도록 강하게 설계하는 것은 비경제적이기 때문이다.

건축구조물은 항복 후에도 저항력을 유지하며 변형할 수 있도록 연성구조로 설계하고, 지진 후에는 손상된 부분을 수리할 수 있어야 더 경제적일 것이다. 그러나 이는 건축구조물의 쓰임새나 처한 상황을 고려하여 건축주가 설계자의 도움을 받아 결정하여야 할 사항이다.

구조적 일체성을 갖게 하는 경계조건

건축구조물은 공중에 떠 있을 수 없기 때문에 지반을 딛고 건립된다. 대개 지반과 건축구조물이 닿는 경계에는 지점이 형성되고, 그곳에서 자유도를 제한하는 방식은 구조물의 거동에 큰 영향을 준다.

구조물은 스프링의 성질을 가지고 있기 때문에 힘을 가하면 힘의 방향으로 변형한다. 힘의 방향으로 변형한다는 것은 힘이 가해진 부분이 힘의 방향으로 움직인다는 것을 의미한다. 즉 수평방향의 힘이 작용하면 수평방향으로 움직이고, 수직방향의 힘이 작용하면 수직방향으로 움직이고, 회전시키는 힘이 작용하면 회전한다. 수학모델에서 구조물에 힘이 작용할 때 구조물이 움직여질 수 있는 여지를 표현한 것을 자유도(自由度, degree of freedom)라고 한다. 구조물은 대개 연속성을 갖도록 구성되기 때문에 힘이 작용한 부분이 변형하면 힘이 작용하지 않은 다른 부분까지도 변형의 영향권 안에 들게 되어 힘이 작용한 부분보다는 적지만 어느 정도 변형하게 된다. 힘이 작용한 그 부분은 힘의 방향으로 변형하되 힘이 작용한 방향과 전혀 다른 엉뚱한 방향으로 움직일 수는 없는 것이다.

구조물 즉 스프링의 한끝이 어느 한 방향으로 묶여 있으면, 그 끝은 묶인 방향으로는 변형할 수 없는 대신에 그 방향으로 반발이 생긴다. 변형하려고 하는 스프링의 한끝을 변형하지 못하도록 묶어놓으려면 이러한 스프링의 반발을 억제하는 힘이 필요한데 그 힘을 반력(反力, reaction)이라고 한다. 구조물의 움직임을 묶는 것을 구속(拘束, restrict)한다고 하고, 구조물에서 자유도가 구속된 부분을 지점(支點, support)이라고 한다. 지점에서는 구속된 방향의 반력이 발생한다.

건축구조물은 공중에 떠 있을 수 없기 때문에 지반을 딛고 건립된다. 대개 지반과 건축구조물이 닿는 경계에는 지점이 형성되고, 그곳에서 자유도를 제한하는 방식은 구조물의 거동에 큰 영향을 준다. 지점은 건축구조물에 작용하는 힘을 지반으로 전달시키는 역할을 하는 중요한 요소로서 건물의 기초를 수학모델로 나타낸 것이다.

경계조건(境界條件, boundary condition)의 이해를 위하여 다루기 쉬운 2차원 평면 위에 그려진 구조물의 지지조건을 생각해 보기로 한다. 수학모델에서 구조물은 구조부재로 구성되며, 구조부재는 두 점을 연결하는 선(線, line)으로 나타내고, 구조부재와 구조부재가 서로 연결되는 접합부 그리고 구조부재와 지반과의 경계인 지점은 점으로 나타낸다. 접합부 자체는 상하·좌우로 움직이고 회전할 수 있도록 자유도는 주어져 있지만 접합부에 연결된 구조부재의 강성(剛性, rigidity)에 따라 움직임의 정도가 달라진다.

일반적으로 구조부재가 수평으로 놓여 있으면 보(beam 또는 girder)라고 하고 수직으로 세워져 있으면 기둥(column)이라고 한다. 구조부재가 면으로 구성되어 수평으로 놓여 있으면 슬랩(slab)이라고 하고, 수직으로 세워져 있으면 벽(wall)이라고 한다. 보를 예로 들어보더라도 경계조건에 따라 단순보,

캔틸레버보, 지지된 캔틸레버보, 양단 고정보, 연속보 등으로 나눌 수 있으며, 그 구조적 거동도 확연히 달라진다.

단순보(單純梁, simple beam)는 보를 받치는 한쪽 지점은 핀(pin) 또는 힌지(hinge)로 지지되어 있고 다른 쪽은 롤러(roller)로 지지된 구조부재이다. 지점으로서 핀이나 힌지는 수평방향 및 수직방향 자유도는 구속되어 있지만 회전은 자유로운 지점을 의미한다. 그러나 지점이 아닌 구조부재 내에도 핀이나 힌지가 있을 수 있는데 이 경우에는 핀이나 힌지의 수평방향 및 수직방향 자유도는 그 부분의 구조부재의 자유도와 같게 되며, 다만 어디에 있든지 회전이 자유롭다. 롤러는 회전이 자유롭지만, 수평방향 움직임이 자유로우면 수직방향 자유도가 묶여 있거나, 수직방향 움직임이 자유로우면 수평방향 자유도가 묶여 있는 지점이다. 실제 건축구조물에서는 특수한 장치를 사용하지 않는 한 구조부재를 통하여 핀이나 힌지 또는 롤러를 완벽하게 구현하기는 어렵다.

캔틸레버(cantilever)보는 한쪽은 고정단, 다른 쪽은 자유단을 갖는 간단한 구조부재이다. 고정단(固定端, fixed end)이란 모든 방향의 자유도가 묶인 지점을 가리키며, 자유단(自由端, free end)은 모든 방향으로 변형할 수 있는 가능성이 열려있는 지점이다. 따라서 고정단에서는 상하·좌우방향으로 변형하거나 회전할 수 없는 반면에, 자유단에서는 상하·좌우방향으로 변형할 수 있고 회전할 수도 있다. 지지된 캔틸레버(propped cantilever)보는 자유단이 핀이나 힌지 또는 롤러로 지지된 경우이다.

양단 고정보는 보를 받치는 지점 모두가 고정단인 보이다. 따라서 양쪽 지점에서 모든 방향의 자유도가 구속된 상태의 보이다. 그러나 실제 건축구조물에서는 이런 지지상태의 보는 찾아보기 쉽지 않다. 실제 건축구조물에서는 양단 고정보처럼 보의 양쪽 끝에서 모든 움직임을 완전히 구속하는 대신에 이웃하는 부재와 만나는 끝을 서로 단단히 묶어서 서로의 자유도를 서로가 구속하게 하는 연속보(連續梁, continuous beams)를 이루게 함으로써 구조시스템의 일체성(一體性, integrity)을 확립하도록 하고 있다.

  똑같은 재료, 똑같은 얼개로 만들어진 구조부재라도 어떤 경계조건을 부여하느냐에 따라 그 저항성능은 확연히 달라진다. 건축구조물의 안전과 경제성을 위하여 모든 구조물은 구조적 일체성을 갖도록 지어져야 하며, 그것을 결정짓는 요인이 구조부재에 부여하게 되는 경계조건이라고 할 수 있다. 다만 이렇게 부여한 경계조건이 실현되도록 상세(詳細, details)를 제대로 설계하고 시공하여야 한다.

구조물도 속박하면 반발한다

재미있는 것은 동물은 아니지만 구조물에도 자유, 구속 그리고 반발의 개념이 있다는 것이다. 이러한 면에 있어서는 동물과 구조물이 크게 다르지 않다. 구조물에 있어서는 이 모든 것이 소극적이고 수동적으로 나타난다.

자유는 사람으로 하여금 사람다울 수 있게 하는 중요한 요소이다. 자유는 생각과 말과 행동에 아무런 구속이 없다는 것을 뜻한다. 자유로운 사람은 어느 것에도 얽매이지 않기 때문에 공연히 반발하지 않는다. 아니, 반발할 이유가 없다. 그러나 구속된 사람은 반발한다. 그래서 경찰이 죄를 범한 사람을 구속할 때에는 그 사람의 반발을 예상하고 제압할 수 있는 힘을 갖춘 후에 구속하는 것을 신문이나 방송을 통하여 볼 수 있다.

동물들도 자유를 빼앗기고 구속될 때에 반발한다. 영화를 보면, 들판을 질주하는 야생마를 사로잡아 길들이기까지 그 반발이 엄청나다. 말이 지칠 때까지는 계속 반발한다. 물고기를 잡아도 반발이 있다. 심지어 작은 곤충도 잡히면 반발한다. 동물들은 자유를 구속당하면 예외 없이 반발한다.

재미있는 것은 동물은 아니지만 구조물에도 자유, 구속 그리고 반발의 개념이 있다는 것이다. 이러한 면에 있어서는 동물과 구조물이 크게 다르지 않다. 물론 구조물이 동물처럼 적극적으로 자유를 누리거나 반발할 수 있다는 것은 아니다. 구조물에 있어서는 이 모든 것이 소극적이고 수동적으로 나타난다.

구조물에서의 자유는 움직일 수 있는 여유를 의미한다. 물론 구조물이 의지를 가지고 움직이는 것은 아니고, 다른 그 무엇이 구조물에 힘을 가할 때에 움직여질 수 있는 여지를 의미한다. 구조물이나 구조부재가 움직일 수 있는 여지의 개수를 자유도(自由度 degree of freedom)라고 한다. 예를 들어 평면 위의 한 점이 가질 수 있는 자유도는 최대 3으로 가로 및 세로방향으로 움직일 수 있고, 이에 더하여 회전할 수 있다. 공간에서 한 점이 가질 수 있는 자유도는 최대 6으로 전후, 좌우, 상하 방향으로 움직일 수 있는 여지와 함께 각 방향에서의 회전가능성이다.

그런데 자유도가 구속되면 그 방향으로는 반력(反力, reaction), 또는 반발력이 생긴다. 즉 수평방향 자유도가 구속되면 그 방향의 움직임이 없는 대신에 수평방향으로 반력이 발생하며, 회전의 자유도가 구속되면 회전하는 방향의 반력이 발생한다. 반면에 자유도가 구속되지 않으면 그 방향으로 변위가 발생할 수 있는 대신에 반력은 0(zero)이 된다. 어찌 보면 당연한 것을 가지고 무슨 특별한 것인 양 말하는 것 같지만 자유도와 반력의 관계는 수학적 모델을 이용한 구조물의 해석에 유용하게 사용된다. 정리하자면 수학적 모델을 구성하는 모든 절점은 자유하든지(즉 움직일 수 있든지) 아니면 구속되든지(즉 반력이 발생하든지), 둘 중 하나에 속하게 된다.

구조해석을 수행할 때에 자유도가 클수록, 즉 움직일 수 있는 여지를 많이 고려할수록 수학모델은 더욱 복잡해지는데, 이는 계산하여야 할 미지수인 변위의 수가 늘어나기 때문이다. 구조해석을 위한 대개의 수학모델은 연립방정식의 꼴로 정리되어 행렬(行列, matrix)연산을 통하여 수행하게 된다. 그런데 자유도가 크면 행렬의 크기가 크게 되어 계산시간이 그만큼 더 오래 걸리게 된다. 반면에 자유도를 줄이면 수학모델이 그만큼 간단해져서 계산시간이 줄어드는 대신에 수학모델이 실제 구조물의 거동을 모사(模寫, simulate)하는데 있어서 정확도는 그만큼 떨어지게 되니 세상에는 공짜가 없는 법이고

구조물에서의 자유는 움직일 수 있는 여유를 의미한다. 물론 구조물이 의지를 가지고 움직이는 것은 아니고, 다른 그 무엇이 구조물에 힘을 가할 때에 움직여질 수 있는 여지를 의미한다.

세상만사는 공평한 것인가 보다.

특히 운동방정식의 해를 구할 때에는 매순간마다 행렬연산을 반복하여야 하기 때문에 자유도가 많아 행렬의 크기가 큰 경우에는 매우 오랜 계산시간이 소요될 수 있다. 따라서 계산시간을 절약하고자 자유도를 줄이는 방안이 강구된다. 그래서 건축구조물의 지진에 대한 동역학 해석을 위한 수학모델로서 가장 간단한 것이 1 자유도모델 또는 단자유도계(單自由度系, single degree of freedom system)이다. 이를 영문약자를 사용하여 SDOF 시스템이라고 표시한다. 단자유도계 시스템은 구조물의 한 방향 또는 한 위치 움직임만을 고려하기 때문에 한 개의 운동방정식을 풀어서 변위를 구하면 되지만, 동시에 지진에 의한 지반가속도 기록에 따라 매순간마다의 구조해석을 수행하여야 하기 때문에 여러 번의 반복계산을 하여야 한다. 예를 들어 1940년에 발생한 미국 캘리포니아의 엘센트로 지진에 대한 해석을 SDOF 모델을 사용하여 수행한다고 하면, 우선 지반가속도가 0.02초 간격으로 기록되었으니 15초 동안의 지진기록에 대한 지반가속도 기록만 750 순간이 된다. 즉 지진기록과 동일한 시간 간격으로 구조해석을 수행한다고 하더라도 운동방정식을 750번 풀어야 한다. 구조물에 따라서는 이보다 더 작은 시간 간격을 사용하여 구조해석을 수행하여야 하는 경우도 있는데 이때에는 이보다 훨씬 더 많은 횟수의 운동방정식을 풀어야 한다.

단자유도계 시스템을 이용하여 구한 것보다 더 신뢰할만한 결과를 원한다면 자유도를 늘려 구조해석을 수행할 수 있다. 그 대신 계산이 더 복잡해지고 시간이 더 오래 걸리게 된다. 이렇게 되면 구조물의 움직임을 두 방향 또는 두 위치 이상에서 고려하게 되어 변수가 두 개 이상이 되니 이를 다자유도계(多自由度界 multi degree of freedom) 시스템이라 하고 영문약자를 사용하여 MDOF 시스템이라고 표현한다.

구조해석은 다자유도계를 사용하여 수행하는 것이 원칙이지만, 동역학적 수학모델의 개념을 정리하고, 계산의 편의를 위하여 문제를 간단하게 만들고자 고안된 것이 단자유도계라고 할 수 있다. 단자유도계 시스템은 운동방정식의 여러 가지 상수들이 구조물의 응답에 미치는 영향을 배우고 연구하는 데에 매우 편리하게 사용되며, 내진설계에 유용하게 쓰이는 응답스펙트럼을 작성하는데 있어서 근간이 된다. 또한 복잡한 다자유도계를 여러 개의 독립적인 단자유도계 시스템으로 나누어 운동방정식을 계산한 후 결과들을 취합하여 다시 다자유도계의 응답으로 치환하는 모드해석법도 사용되고 있다. 복잡한 것을 간단한 것으로 치환하여 계산하고, 결과의 신뢰도를 위하여 다시 복잡한 상태의 응답으로 치환하는 인간의 지혜기 어디로부터 왔는지. 그 원천에 경의를 표한다.

원리편

만물은 스프링과 같다

만물 속에 스프링의 요소가 들어 있다는 것은 건축구조물도 힘과 변형의 관점에서 스프링과 같이 취급할 수 있다는 말이 된다. 구조설계 시 건축구조물 내에 흐르는 힘의 분포와 그로 인한 변형의 크기를 파악하기 위하여 건축구조물을 스프링의 조합으로 보고 구조해석을 수행한다.

고대 철학자들은 만물의 근원에 대하여 "물(水, water)이다", "불(火, fire)이다" 또는 "수(數, numbers)이다" 등 각자의 관심분야를 통하여 나름대로의 세계관을 펼쳤다. 이와 같이 제한된 시야를 전제로 하여 구조설계자의 입장에서 바라보는 만물은 스프링(spring)으로 이루어졌다고 할 수 있다.

스프링의 성질을 과학적으로 정리한 17세기 영국의 로버트 후크(Robert Hooke)에 따르면 스프링은 힘과 변형의 관계로 묘사된다. 즉 스프링에 힘을 가하였을 때 늘어나거나 줄어든 길이와 힘의 크기는 비례관계에 있다는 것이다. 스프링의 성질을 한마디로 요약하여 말한다면, "힘이 작용하면 변형"한다는 것이다. 역으로 스프링이 변형하였다는 것은 힘이 작용하고 있다는 것을 암시한다고 하겠다.

만물에 스프링의 요소가 숨어 있다는 증거는 우리 주변에서 어렵지 않게 찾아볼 수 있다. 바람이 세차게 부는 날 나무가 휘어지는 모습을 볼 수 있는데, 이는 나무에 가해지는 바람의 힘 때문에 나무가 변형하는 것이다. 그리고 바람이 그친 후에는 나무는 원래의 모습을 회복한다. 눈이 내리고 난 후 하얀 눈을 한 아름 안은 나뭇가지가 아래로 처진 것은 눈의 무게 때문에 가지가 변형한 것이다.

올림픽게임에서 수영선수가 다이빙하기 위하여 구름판 위에서 구를 때,

구름판이 휘어지는 것은 수영선수의 몸무게가 힘으로 작용하여 구름판이 처지도록 변형시킨 것이다. 화살을 재어 활시위를 당기면 활은 변형하며 힘을 축적하였다가 활시위를 놓았을 때 화살이 빠른 속도로 날아가도록 한다. 시계추가 왔다 갔다 하는 것은 시계추의 질량으로 인한 위치에너지(位置에너지, potential energy)와 운동에너지(運動에너지, kinetic energy)의 변화가 시계추로 하여금 마치 힘에 의하여 스프링이 변형하는 것과 같은 역할을 하도록 하는 것을 알 수 있다. 지금까지 열거한 여러 가지 사례를 통하여 스프링은 우리에게 익숙한 용수철 모습뿐만 아니라 다양한 사물의 모습 그 자체 속에 숨어 있음을 알게 되었다.

스프링 중에는 작은 힘으로도 큰 변형을 일으킬 수 있는 연(?, soft)한 스프링이 있는가 하면, 극히 작은 변형을 얻으려고 해도 굉장히 큰 힘이 필요한 강(剛, stiff)한 스프링이 있다. 스프링마다 힘과 변형의 관계는 다를지언정 분명한 것은 힘을 가하면 스프링은 변형한다는 것이다.

스프링의 힘과 변형의 관계를 나타내는 비례상수를 스프링계수라고 하며, 필요에 따라 다른 이름과 쓰임새가 있다. 재료의 응력과 변형률 사이의 관계를 나타내는 스프링계수는 탄성계수(彈性係數, modulus of elasticity)라고 한다. 여기서 응력(應力, stress)은 재료의 단위면적에 분포된 힘으로서 단위는 힘÷면적의 꼴로 나타내며, 변형률(變形率, strain)은 힘에 의하여 재료의 늘어나거나 줄어든 부분의 원래 길이에 대한 비(比, ratio)이며 단위는 길이÷길이의 꼴이므로 없는 것이나 마찬가지가 된다.

구조부재의 한 단면에 작용하는 힘과 변형 사이의 관계를 나타내는 스프링계수는 강성(剛性, rigidity)이라고 한다. 구조부재나 건축구조물 전체에 대한 힘과 변형 사이의 관계를 나타내는 스프링계수는 강도(剛度, stiffness)라고 한다.

건축구조물도 힘과 변형의 관점에서 스프링과 같다

만물 속에 스프링의 요소가 들어있다는 것은 건축구조물도 힘과 변형의 관점에서 스프링과 같이 취급할 수 있다는 말이 된다. 건물이 서 있는 지반도 예외는 아니다. 실제로 구조설계 시 건축구조물 내에 흐르는 힘의 분포와 그로 인한 변형의 크기를 파악하기 위하여 건축구조물을 스프링의 조합으로 보고 구조해석을 수행한다.

여러 개의 스프링이 서로 연결되어 하나의 시스템을 이룰 때에는 스프링과 스프링이 어떻게 연결되는가에 따라 힘과 변형의 크기가 달라진다. 스프링과 스프링이 직렬로 연결되면, 구조시스템을 통하여 각 스프링에는 스프링계수와 관계없이 동일한 크기의 힘이 흐르지만, 각 스프링의 변형의 크기는 각 스프링계수에 따라 달라지고, 전체 시스템의 변형의 크기는 각 스프링의 변형의 합이 된다. 스프링과 스프링이 병렬로 연결되면, 구조시스템을 통하여 각 스프링에는 스프링계수와 상관없이 동일한 크기의 변형이 발생하지만, 각 스프링에 흐르는 힘의 크기는 스프링계수에 따라 달라지며, 전체 시스템을 흐르는 힘의 크기는 각 스프링의 힘의 크기의 합이 된다.

건축구조물에서 하나의 층에 분포하는 기둥들은 바닥 판에 의하여 병렬 연결된 스프링의 조합으로 간주할 수 있고, 층과 층을 통하여 건물의 높이 방향으로 연결된 기둥들은 직렬 연결된 스프링의 조합으로 간주할 수 있다. 따라서 지진에 의하여 건물에 수평방향 힘이 작용하면 하나의 층에 속한 모든 기둥에는 각 기둥의 강도(剛度)에 따라 수평방향 힘이 분배되지만, 그 층 모든 기둥의 수평변위는 같은 것으로 간주한다. 비행기가 날아가다가 건물의 최상층에 충돌하면 그 충격으로 인하여 건물의 최상층에 수평방향 힘이 작용하게 된다. 이때 각층에 전달되는 수평방향 힘은 동일하지만 각층의 수평변위는 그 층의 강도(剛度)에 따라 달라지며 최상층의 수평변위는 각층 수평변위의 합이 된다. 여기서 구조부재의 강도(剛度)는 변형에 대한 힘의 비로서 스프링에 있어서 스프링계수와 마찬가지의 역할을 한다.

스프링은 힘을 가하면 변형하지만 힘을 제거하면 변형하기 전의 모습을 회복하는 특성이 있는데 이를 탄성(彈性, elasticity)이라고 한다. 탄성이 지배하는 힘과 변형의 범위를 탄성영역이라고 하며, 이 구간에서는 힘과 변형이 비례관계에 있다고 하는 후크의 법칙(Hooke's Law)이 유효하다.

스프링에 가하는 힘을 계속 증가하여 변형이 탄성한계를 넘어서게 되면, 즉 항복하게 되면, 힘을 제거하여도 탄성변형만 회복될 뿐 변형전의 모습을 완전히 회복하지 못하며 영구변형이 남게 된다. 이렇게 영구변형이 남게 되는 특성을 소성(塑性, plasticity)이라고 하며, 소성이 지배하는 힘과 변형의 범위를 소성영역이라고 한다. 그러므로 성형수술(成形手術, plastic surgery)은 수술 후 원래의 모습이 회복되지 않고 영구변형이 남게 된다는 의미를 내포하는 말이라고 하겠다. 소성영역에서는 힘과 변형의 관계가 더 이상 비례관계가 아니고, 힘의 크기가 조금 증가하거나, 어떤 경우에는 동일하게 유지되기만 하여도, 또는 힘이 감소함에도 불구하고 변형이 증가될 수 있다.

건축구조물이 소성영역으로 들어섰다는 것은 건축구조물이 손상을 입었다는 것을 의미한다. 건축구조물은 평상시에는 탄성영역에 머물게 되지만, 지진이나 비행기의 충돌 등 비상시에는 소성영역으로 들어설 수 있다. 소성변형이 작으면 손상이 작지만, 소성변형이 크면 손상이 크게 된다.

스프링은 변형하였다가 놓이면 진동하게 된다. 수영선수가 다이빙한 후에는 구름판이 진동함을 볼 수 있다. 얇은 자의 한쪽을 책상모서리에 누르고 허공에 나온 다른 쪽을 눌렀다가 놓으면 진동한다. 시계추도 비록 진동주기는 길지만 진동한다. 건축구조물도 스프링인 만큼 외부의 요인에 의하여 진동할 수 있다. 지하철노선이 지나는 부근의 건물 안에서 기차가 지날 때마다 진동을 느낄 수 있다. 건물에 기계장치가 설치되어 있는 경우 기계의 모터가 작동할 때에 진동을 느낄 수 있다. 이러한 일상하중에 의한 진동의 폭이 크면 건물 사용자들에게 불편함이나 불안감을 줄 수 있기 때문에 사람이 느끼지 못할 정도로 진동에 대한 건물의 반응을 줄여야 한다. 이러한 진동은 대개 진동을 일으키는 기계의 진동주기(또는 진동주파수)와 기계가 설치된 건물부분의 진동주기(또는 진동주파수)가 서로 가까울 때에 공진(共振, resonance)에 의하여 일어나므로 둘 사이의 진동주기(또는 진동주파수)가 서로 크게 차이 나도록 조정함으로써 피할 수 있다.

지진이 발생하면 지반을 통하여 전달되는 진동으로 말미암아 건물이 진동하게 된다. 이때 지반과 건물의 진동주기(또는 진동주파수)의 차이에 따라 건물의 반응이 결정된다. 일반적으로 건물의 반응은 구조부재를 따라 흐르는 힘과 그 힘의 결과 발생하는 변형의 크기로 나타낸다.

'강하다' 는 의미

재미있는 사실은 재료나 구조체가 강(强)하다고 하여 반드시 강(剛)하지는 않다는 것이다. 철사는 강(强)하지만 강(剛)하지 못하다. 반면에 백묵은 강(剛)하지만 강(强)하지 못하다.

'강하다' 는 말은 두 가지 뜻을 갖는다. 첫째는 '세다' 또는 '질기다' 라는 뜻으로, 영어로는 'strong', 한자로는 '强(강)' 이라는 말로 나타낼 수 있다. 둘째는 '뻣뻣하다' 라는 뜻으로 영어로는 'stiff', 한자로는 '剛(강)' 이라는 말로 나타낼 수 있다. 언뜻 보아 이 두 가지 뜻 사이의 차이는 그리 큰 것 같지 않지만, 구조설계, 특히 내진설계에서는 엄연히 구분하여 생각하여야 한다.

무게와 길이가 서로 같은 철사와 백묵을 비교하여 보자. 일반적으로 철사는 가늘고 백묵은 굵다. 따라서 철사는 쉽게 구부릴 수 있지만, 백묵을 구부리려고 한다면 백묵은 구부러지기보다는 분질러진다. 철사는 잘 휘어지지만 백묵은 거의 휘지 않는다. 그 이유는 백묵은 강(剛)하여 눈에 띌 정도로 크게 변형하지 않기 때문이다. 반면에 철사는 백묵에 비하여 상대적으로 유연하기 때문에 크게 변형할 수 있다.

이번에는 철사와 백묵을 끊어보도록 하자. 철사는 아무리 가느다란 철사라고 할지라도 맨손으로는 단번에 잡아당겨서 끊을 수 없다. 오히려 철사를 끊으려고 붙잡은 손이나 손가락이 상하기 쉽다. 철사는 기구를 사용하여야 끊을 수 있다. 하지만, 백묵은 맨손가락으로도 넉넉히 단번에 끊을 수 있다. 그 이유는 철사는 강(强)하지만 백묵은 상대적으로 약(弱)하기 때문이다. 재미있는 사실은 재료나 구조체가 강(强)하다고 하여 반드시 강(剛)하지는 않다는 것이다. 철사는 강(强)하지만 강(剛)하지 못하다. 반면에 백묵은 강(剛)하지만 강(强)하지 못하다.

일반적으로 건축구조물을 강(剛 또는 强)하게 하기 위하여 네 가지 방법을 생각할 수 있다. 첫째는 강한 재료를 사용하는 것이고, 둘째는 재료의 양을 늘려 구조부재의 두께를 키우는 것이고, 셋째로는 구조물이 하중에 저항하기 적절한 형상을 갖도록 하여 성능을 향상시키는 것이고, 마지막으로 넷째는 구조부재의 쓰임새에 적절한 경계조건을 부여하여 강함을 확보하게 하는 것 등을 들 수 있다.

이 중 강한 재료를 사용하는 방법은 어떻게 보면 당연한 상식적인 것이므로 더 이상 논하지 않도록 한다. 재료의 양을 늘려 구조부재의 두께를 키우는 방법은 구조물의 무게를 증가하게 하여 이를 극복하기 위하여 다시 재료의 양을 늘려야 하는 순환이 반복될 수 있다. 이는 필요 이상의 재료를 사용하여 낭비의 요인이 될 수 있으므로 바람직한 해법이 아니다. 즉 무지막지한 양의 재료가 투입된 피라미드(pyramid)와 같은 구조물은 극히 강할지언정 경제적 가치는 상당히 낮다고 하겠다.

형상에 의한 성능향상은 종이 접기를 생각하면 쉽게 이해할 수 있다. 종이 한 장은 얇아서 손으로 들면 축 늘어지지만, 종이를 절반으로 접었다가 반쯤 펴면 형상을 그대로 유지할 수 있을 뿐만 아니라 연필이나 지우개 등 다른 물건의 무게도 넉넉하게 견딜 수 있을 정도로 강해진다.

경계조건에 의한 여력확보는 땅에 뿌리를 박고 서 있는 나무를 보면 알 수 있다. 어린 나무를 심으면, 혹시라도 제풀에 넘어질까 또는 바람에 쓰러질까 하여 의지할 수 있도록 서너 개의 각목으로 받친다. 그러나 나무가 자라 장성한 후에는 받침목 없이도 서 있을 수 있을뿐더러 강한 바람이 불어도 넘어

사람이 힘에 지나는 무거운 짐을 질 수 없듯이, 강함을 초과하는 힘이 작용하면 건축구조물은 손상을 입게 된다

지 않게 된다. 어린 나무와 장성한 나무의 강함의 차이는 나무 몸체의 크기 못지않게 바로 경계조건, 즉 얼마나 깊게 뿌리가 박혀 있는가에 의하여 결정된다. 이를 구조물에 적용한다면 구조부재의 경계에 강성(剛性) 또는 구조적 연속성(structural continuity)이 부여되었는가의 여부로 해석할 수 있다. 단면형상과 경계조건에 의한 성능향상은 재료의 증가에 의하여 얻어지는 것이 아니라, 자연의 법칙에 따라 얻게 되는 적절한 형태에 의한 형태저항구조이며, 건축구조물의 형태를 결정하는 중요한 요소가 된다.

건축구조물에서 강(剛)함과 강(强)함은 각각의 쓰임새가 있다. 강(剛)함은 건축구조물의 변형의 크기나 진동의 정도를 결정하는 요인이 되고, 강(强)함은 부서짐, 끊어짐 또는 무너짐의 여부를 결정하는 요인이 된다. 만물은 스프링과 같은 성질이 있기 때문에 힘이 작용하면 변형하기 마련이다. 다만 강(剛)함에 따른 변형 정도의 차이가 있을 뿐이다. 사람이 힘에 지나는 무거운 짐을 질 수 없듯이, 강(强)함을 초과하는 힘이 작용하면 건축구조물은 손상을 입게 된다. 즉 부서지거나 무너지게 된다.

여름에 물살이 센 시냇물을 건널 때 물이 흐르는 방향으로 비스듬히 내려가면 어렵지 않게 건널 수 있지만, 물살을 거스르는 방향으로 오르면서 건너려면 많은 수고가 따르게 된다. 바람이 불 때 갈대는 바람의 방향으로 변형함으로써 부러지지 않고 생존할 수 있다. 이는 작용하는 힘에 대한 저항을 줄임으로 힘의 전달이 가급적 적어지도록 조절하는 방법을 보여 주는 예이다.

건축구조물에 지진이 작용하면 지진의 진동주기보다 긴 진동주기를 갖는 유연한 구조물에는 대개 지진으로 인한 힘의 전달이 적게 되지만, 짧은 진동주기를 갖는 강(剛)한 구조물에는 지진으로 인한 힘이 고스란히 또는 증폭되어 전달될 수 있다. 그렇다면 건축구조물은 가급적 유연하게 설계하여야 할 것인가? 극단적으로는 갈대 정도의 유연성을 갖는 것이 바람직하지 않을까? 비교적 짧은 주기의 지진만을 고려한다면 대답은 "그렇다"이다. 그러나 건축구조물에는 지진 외에도 건물 자신의 무게, 사람과 가구의 무게 그리고 바람이 하중으로 작용한다. 건축구조물이 너무 유연하여, 평상시의 무게 때문에 바닥이 심하게 처지게 되고, 바람이 부는 날이면 제대로 서 있을 수조차 없다면, 이는 결코 제대로 지어진 건축물이라고 할 수 없다.

건축구조물에 힘이 작용하면 변형은 피할 수 없지만, 사람이 느끼지 못할 정도로 변형을 제한할 수는 있다. 변형을 제한한다는 것은 건축구조물을 어느 정도 강(剛)하게 만들어야 함을 의미한다. 구조물이 강(剛)하다고 해서 무조건 다 좋은 것은 아니지만 사용자에게 불편함이나 불안감을 줄 정도의 처짐이나 진동을 억제할 정도의 일정한 강성의 유지는 좋은 구조물이 되기 위한 전제조건이라고 하겠다.

모든 건축구조물은 한없이 강해 보이지만 강(强)함의 한계가 있으며, 작용하는 힘이 이 한계를 넘어서게 되면 부서지거나 무너질 수 있다. 마치 사람이 강해 보이지만 질병에 걸리면 덧없이 세상을 뜰 수 있는 것과 같은 이치이다. 그러므로 건축구조물을 설계할 때에는 안전을 위하여 구조물 자신의 무게나 사람과 가구의 무게 등 평상시 하중에 대하여는 절대로 강(强)함의 한계에 도달하지 않도록 하고, 지진이나 폭발 등 비상시에나 한계에 도달하도록 설계하는 것이 경제적이다. 이렇게 말하는 것은 쉽지만, 실제로는 매우 어려운 일이다. 이는 강(强)함의 한계와 작용하는 힘을 따지는 일에는 많은 불확실한 요인들이 관련되기 때문이다. 강(强)함의 한계를 확실히 알 수만 있다면 그리고 작용하는 힘을 정확히 계산할 수만 있다면, 마치 의사가 중병에 걸린 사람에게 남아 있는 생존 가능한 기간을 통보해 주듯이, 구조설계자도 건축구조물의 잔여수명 내지는 용도변경에 따른 이상여부를 예측할 수 있겠지만, 그렇지 못한 것이 현실이다.

안전의 조건

건축구조물의 안전은 보유능력과 요구량 서로간의 상대적인 크기에 따라서 결정된다. 보유능력이 아무리 크다고 하더라도 요구량보다 작으면 건축구조물은 안전하지 못하지만, 역으로 보유능력이 아무리 작더라도 요구량보다 크면 건축구조물은 안전하다고 하겠다.

돈과 명예와 건강 중에 사람에게 가장 귀한 것은 무엇일까? 각자가 처한 사정에 따라 대답이 달라질 수도 있지만, 가장 지혜로운 대답은 건강일 것이다. 이는 건강이 있고 나서 돈도 쓸모가 있고 명예도 의미가 있기 때문이다. 그러면 건축구조물의 금전적 가치, 아름다움, 안전 중에 가장 귀한 것은 무엇일까? 이 역시 사정에 따라 대답이 달라질 수 있지만, 건물이 건물로서 가치를 지니려면 무엇보다도 안전이 제일 중요하다고 하겠다.

하지만, 우리들 대부분은 건강이나 안전에 문제가 생기기 전에는 건강이나 안전을 당연한 것으로 여기며 살아가기에 정작 중요한 것을 중요한 것으로 여기지 못하는 경향이 있다. 건강이나 안전은 조금만 관심을 가지면 문제를 사전에 예방할 수도 있고, 세월에 의하여 어차피 발생할 문제라고 하더라도 문제가 생길 때까지의 시간을 상당히 연장할 수도 있다.

옛말에 '知彼知己(지피지기), 百戰百勝(백전백승)'이라는 말이 있다. '적을 알고 나를 알면, 백번 싸워 백번 이긴다'는 뜻으로 건축구조물과 이에 작용하는 하중과의 관계에도 적용할 수 있다. 여기서 知彼(지피)는 적을 아는 것인데 건축구조물에서는 작용하는 하중의 영향을 정확히 파악하는 것이라고 할 수 있다. 知己(지기)는 자신을 아는 것인데 건축구조물에서는 사용하는 구조재료의 기계적 특성을 사용하여 구조물의 저항능력을 정확히 규명하는 것이라고 할 수 있다. 즉 건축구조물에 작용하는 하중의 영향과 사용한 재료의 특성을 잘 파악하면 구조물의 부분적인 또는 전적인 붕괴를 막을 수 있다는 것이다.

같은 맥락으로 건축구조물의 안전성을 따질 때에는 하중의 작용에 의하여 구조물에 요구되는 힘의 세기나 변형의 크기를 구조물이 보유하고 있는 힘과 변형 능력에 비교하여 고려한다. 요구되는 힘의 세기나 변형의 크기는 구조물에 작용하는 하중을 견디기 위하여 구조물이 갖추어야 할 물리량을 말함이요, 보유능력이란 실제로 구조물이 특정재료와 형상으로 설계되어 발휘할 수 있는 물리량을 말함이다. 구조물이 안전하게 기능을 다하며 사용되기 위하여 보유능력이 요구량보다 항상 커야 한다.

보유능력과 요구량의 관계는 마치 우리나라의 식량 생산량과 소비량의 관계와 같다. 식량 생산량은 보유능력이라고 할 수 있고, 사람들이 먹고 살기에 필요한 소비량은 요구량이라고 할 수 있다. 생산량이 충분할 때에는 여분의 식량을 저축하거나 식량이 모자라는 다른 나라에 도움을 줄 수도 있지만, 충분치 않을 때에는 다른 나라로부터 식량을 수입하여 보유능력을 요구량만큼 늘리지 않는다면 많은 사람들이 굶주림에 고생하는 심각한 상황이 벌어지게 된다. 역도선수가 역기를 들어 올릴 때, 역도선수의 힘은 보유능력이 되고 역기의 무게는 요구량이 된다. 역도선수의 힘이 역기의 무게를 능가하면 넉넉히 역기를 들어 올릴 수 있지만, 그렇지 않다면 역기를 결코 들어 올릴 수 없다.

요구량이 보유능력을 초과할 때에는 건축구조물이 부분적으로 부서지거나 무너지지만, 역으로 보유능력이 요구량을 초과할 때에는 건축구조물은 요구량만큼만 능력을 발휘하고 요구량을 초과하는 나머지 보유능력은 요구량이 증가될 때까지 여유분으로 숨어 있게 된다. 마치 어린아이와 줄다리기하는 어른과 같다고 하겠다. 어린아이는 있는 힘을 다하여 줄을 잡아당기겠지만, 어른은 어린아이의 힘만큼만 힘을 발휘하고 그 이상은 발휘하지 않게 된다. 이 줄다리기를 하나의 힘의 전달체계라고 한다면, 어린아이의 힘은 요구량이고, 어른의 힘은 보유능력이 된다.

건축구조물에 있어서 요구량은 여러 가지 하중이 작용하여 발생하는 모멘트, 전단력 및 축력 등의 힘과 변형 또는 처짐이고, 보유능력은 보, 기둥, 슬랩, 기초 등 구조부재의 단면형상과 재료 및 배근 상태에 따라 발휘할 수 있는 저항력과 변형 능력이다. 안전을 위하여 구조부재의 저항능력은 하중 때문에 부재에 발생하는 힘을 능가하여야 하고, 저항력을 유지하면서 동시에 부재에 발생하는 변형을 수용할 수 있어야 한다.

여기서 변형 능력은 단순히 유연함을 의미하는 것이 아니라, 저항력의 유지를 전제로 한 것임을 알아야 한다. 건물의 기능유지에 필요한 수준의 저항력을 유지하지 못하는 변형은 무너짐이지 변형 능력이라고 할 수 없다. 상대의 주먹을 요리조리 피하며 유연하게 움직이는 권투선수는 몸의 유연성이 크다고 할 수 있다. 그러나 상대의 주먹을 맞고 바닥에 벌렁 넘어진 선수에게 유연하다고 하지 않는다. 변형의 크기로 따진다면, 바닥에 넘어진 선수가 훨씬 크겠지만, 저항력을 잃었기 때문에 권투경기에서는 실패한 것이다. 저항력의 유지를 전제로 하였을 때의 변형만을 변형 능력이라고 할 수 있다.

마찬가지로 건축구조물에 있어서도 크게 변형할 수 있다고 무조건 좋은 것은 아니다. 건축구조물이 마치 갈대처럼 유연하다면, 이러한 건물은 변형 능력이 크고 무너지지는 않을지라도 건축구조물로서의 가치는 없는 것이다. 사용하기에 몹시 불안하고 불편하기 때문이고, 반복되는 재료의 피로로 인하여 언젠가는 저항력마저 잃을 수도 있기 때문이다. 건축구조물에 있어서 변형이나 진동은 건물을 사용하는 사람들이 느끼지 못할 정도로 제한되어야 한

> 건축구조물의 안전은 보유능력과 요구량 서로간의 상대적인 크기에 따라서 결정된다

다. 즉 건축구조물은 적어도 사용성(使用性, serviceability)을 유지할 정도의 강(剛, stiffness)함을 유지하여야 한다.

　엄밀히 말하여 건축구조물의 변형 능력은 재료가 항복한 이후에 저항력을 유지하면서 도달할 수 있는 변형의 최대크기를 의미한다. 이러한 변형 능력은 건축구조물이 지진에 견디고 살아남기 위하여 갖추어야 할 매우 중요한 요소이다. 일직선으로 곧은 철사를 한 가운데서 구부리면 구부러지는 부분을 중심으로 철사의 양쪽이 평행선이 되도록 180도로 구부릴 수 있다. 또한 구부리는 동안 지속적으로 저항력이 유지되고 있음을 알 수 있다.

　반면에 백묵을 구부리려고 한다면, 구부러지는 듯하다가 곧 두 동강이로 부러지고 만다. 그리고 부러진 후에는 전혀 저항하지 못한다. 따라서 철사는 변형 능력이 크고, 백묵은 변형 능력이 작은 재료라고 하겠다. 건축구조물의 변형 능력이 클 것인지 아니면 작을 것인지의 여부는 주로 사용재료와 상세(詳細, detail)에 따라서 결정된다.

건축구조물의 안전은 보유능력과 요구량 서로 간의 상대적인 크기에 따라서 결정된다. 보유능력이 아무리 크다고 하더라도 요구량보다 작으면 건축구조물은 안전하지 못하지만, 역으로 보유능력이 아무리 작더라도 요구량보다 크면 건축구조물은 안전하다고 하겠다.

그러면 보유능력과 요구량을 어떻게 알 수 있을까? 엄밀히 말하면 보유능력과 요구량은 직접 맞부딪혀 보아야 정확히 알 수 있다. 즉 역도선수의 능력은 역도선수가 들어 올릴 수 없는 무게까지 시도해 보아야 정확히 알 수 있다. 달리기선수의 능력은 선수의 외모를 보아서는 절대로 파악할 수 없고 다만 운동장에서 달려보아야 정확히 알 수 있다. 상대 권투선수가 어느 정도 셀 것인가는 링 위에서 경기를 해보아야 정확히 알 수 있다. 학교시험이 어느 정도 어려울 것인가는 직접 시험을 치러보아야 알 수 있다.

어느 건축구조물이 앞으로 50년 동안 닥쳐올 지진으로부터 안전할 것인가는 50년이 지나본 후에야 정확히 알 수 있다. 그러나 현재 사용하여야 할 건축물을 50년 후에야 설계할 수 있다면 아무 의미가 없는 것이다. 그래서 건축구조물을 설계할 때 설계기준을 사용하여 요구량을 예측하고 보유능력이 이를 초과하도록 조정한다. 때로 설계기준이 충분치 않다고 판단되면, 실험을 통하여 보유능력이 요구량을 초과함을 확인하여야 한다.

하지만, 모든 설계기준이나 실험은, 현실적으로 적용이 가능하도록 또는 사용상 편의를 위하여, 여러 가지 복잡한 실제상황의 많은 부분을 간략하게 나타내었기 때문에 요구량 및 보유능력의 평가에 있어서 불확실성을 포함하고 있음을 알아야 한다. 다만 이를 극복하고 안전성을 높이고자 안전율(安全率, safety factor)을 사용하여 보완할 따름이다.

건물이 견디는 하중을 예측하는 예상 강도

만일 무게 10톤 이내의 차량만이 통과할 수 있다는 경고문이 다리에 붙어 있음에도 불구하고, 무게 10.1톤의 트럭이 지나다가 다리가 무너졌다면, 다리가 정교하게 설계되었다고 찬사를 보낼 것인가?

우리가 살고 있는 이 세상은 4차원이라고 생각된다. 공간이 3차원이고, 거기에다 시간 축이 더해지면 4차원이 되어 우리가 4차원의 세계에 살고 있다는 것은 일리가 있는 생각이다. 단, 사람이 공간에서는 전후, 좌우, 상하로 움직일 수 있지만, 시간 축에서는 과거로 돌아가거나 미래를 미리 경험할 수 없다. 그나마 과거는 우리의 기억을 통하여 회상할 수 있지만, 미래는 전혀 알 길이 없다. 그러므로 사람들은 누구나 미래의 일을 알고 싶어 하고, 과거의 경험과 지식을 이용하여 미래를 예측하고자 하는 경향이 있다.

우리는 미래예측과 관련된 여러 가지 예를 주변에서 어렵지 않게 찾아볼 수 있다. 학생이 시험을 치르다가 모르는 문제가 나오면 자신의 미래예측능력에 의지하여 답을 고르게 된다. 국가대항 축구경기에서 우리나라 대표 팀이 얼마의 점수 차로 상대방을 이길 것인가를 예측하기도 하고, 이를 놓고 내기를 걸기도 한다. 대통령선거 때가 되면 신문사나 방송사들은 누가 얼마만한 지지율로 당선될 것인가를 앞을 다투어 예측하고, 자신들의 예측의 정확함을 보이기 위하여 여론조사를 토대로 자신들의 예측을 마지막 순간까지 끊임없이 수정한다. 심지어 몇 년 몇 월 며칠 몇 시에 이 세상의 종말이 온다고 예측한 사람들도 종종 있었다.

때로는 남을 골탕 먹이기 위하여 미래예측이 악용되기도 한다. 주먹을 반쯤 쥔 상태에서 "주먹을 쥘 것인지 손바닥을 펼 것인지 알아맞혀 보라"든지, 의자 위에 엉거주춤 반쯤 앉은 자세에서 "앉으려고 하는 것인지 일어서려고 하는 것인지 알아맞혀 보라"든지, 한 발을 문안으로 들여놓은 상태에서 "안으로 들어서려고 하는 것인지 밖으로 나오려고 하는 것인지 알아맞혀 보라"는 등의 놀이는 대답하는 편이 항상 져야 하는 구조적 모순을 안고 있다. 이를 개선하여 공정한 놀이가 되도록 하려면, 질문을 던진 편이 행동하기까지는 답변하는 편의 대답을 알지 못하도록 하여야 한다.

우리 생활과 밀접한 미래예측으로는 일기예보가 있다. 일반인들도 자연의 일정한 규칙에 대한 경험으로부터 낮과 밤 그리고 계절의 변화 등 어느 정도는 일기를 짐작할 수 있다. 그러나 내일 구름이 낄지, 해가 날지, 비가 올지, 바람이 불지, 기온은 얼마일지 등은 일기예보를 의지하여야 짐작할 수 있다. 예전에는 바람과 구름의 이동을 광범위하게 추적할 수 없었기 때문에 일기예보가 빗나가는 경우가 종종 있었다. 어떤 때는 맑을 것이 예상된다고 하면 우산을 들고 외출하고, 비가 올 것 같다고 하면 그냥 나가는 것을 그리는 신문만평이 나올 정도였다. 하지만 인공위성과 슈퍼컴퓨터가 실용화 된 요즈음의 일기예보는 상당히 정확하고 신뢰할 만하다. 이것을 보면 인간의 지식과 과학기술이 대단하다고 생각되지만, 이는 짧은 시간 이후에 대한 예측이고, 예측하여야 하는 시간대가 길어지면 신뢰도는 떨어지게 된다. 자연의 변화무쌍함을 인간의 지식으로 예측하는 데에는 한계가 있기 때문이다.

미래예측기법을 이용하여 돈을 버는 경우도 있다. 증권회사 직원들이나 투자가들은 주식 등 증권의 가격동향을 시시각각 추적하여 가격의 오르고 내림에 대한 나름대로의 원인을 부여하고 규칙을 만들어 앞으로의 시세를 예측한다. 대학이나 연구소에서는 증권시세 예측의 신뢰성을 높이기 위하여 여러 가지 수학모델을 만들기도 한다. 이렇게 하여 실제로 많은 돈을 벌어들인 사람들도 있지만, 오래가지는 못하며, 심지어는 가진 것을 모두 잃은 사람들도 많이 있다. 아무리 과학적 기법을 동원하더라도 사람의 미래예측에는 분명히 한계가 있음을 알 수 있다.

의사들은 환자들을 진찰하여 병을 진단하고 치료하려고 노력한다. 의사들은 환자들의 증상을 토대로 자신들의 지식과 경험으로부터 병의 원인을 예측하고 적절한 치료법을 선택하여 환자들을 치료한다. 많은 경우 의사들의 진료를 통해서 아픈 증상이 사라지고 환자들이 자신의 건강에 대한 확신을 회복하지만, 때로는 병의 원인 예측이 잘못되어 적절한 치료를 받을 수 있는 시간을 놓침으로 환자의 고통이 커진 사례가 보도되기도 한다. 사람의 미래예측에는 한계가 있음을 보여주는 또 다른 대목이다.

구조물에서도 미래예측이 필요한 경우가 있다. 예를 들어 화력발전소에 설치할 무거운 증기터빈을 운반하는 트럭이 한강다리를 건너는 것을 허용할 것인지, 해안가에 있는 고층건물이 태풍을 견딜 수 있는지, 남산의 케이블카에는 몇 명이나 탈 수 있는지, 고층건물의 엘리베이터에는 어느 정도의 무게까지 태울 수 있는지, 우리나라의 아파트들이 지진을 견딜 수 있는 것인지 등 우리사회에 중요한 영향을 미치는 질문들이 구조물의 건립과 함께 제기될 수 있다. 이에 대하여 많은 사람들이 "예" 또는 "아니요" 식의 답변을, 그것도 즉석에서 하는 답변을 원하겠지만, 이러한 질문은 여러 가지 복합적인 상황을 고려하여야 하므로 그 답변은 결코 쉽지 않을 뿐더러 간단명료할 수도 없다.

만일 무게 10톤 이내의 차량만이 통과할 수 있다는 경고문이 다리에 붙어 있음에도 불구하고, 무게 10.1톤의 트럭이 지나다가 다리가 무너졌다면, 다리가 정교하게 설계되었다고 찬사를 보낼 것인가? 정원 20명의 케이블카에 21명이 탔다가 케이블이 끊어졌다면? 승객과 짐의 무게를 합쳐 500kg을 초

구조물에서도 미래예측이 필요한 경우가 있다

과하지 말라는 경고가 붙은 승용차에 501kg을 실었다가 자동차가 내려앉았다면?

우리는 이러한 경우를 놓고 설계의 정교함을 칭찬하지 않는다. 그렇지만, 동시에, 용량을 초과하는 하중이 작용하고서도 멀쩡하게 서 있거나 작동하는 구조물을 보고서는 경고문에 표기된 용량을 신뢰하지 않을 뿐만 아니라 설계가 너무 지나치게 안전하게 되었다고 불평할 수도 있다. 그러나 이는 구조설계를 오해하는 데서 비롯된 것이다.

구조물이 어느 정도의 하중까지 견딜 수 있는지를 뜻하는 예상 강도(豫想强度, probable strength)는 두 가지 의미로 나누어 생각할 필요가 있다. 하나는 예상 강도에 도달하면 구조물이 무너지는 것으로 예측하는 경우이고, 다른 하나는 예상 강도가 구조물의 사용성 및 건전성 유지의 한계를 의미하는 경우이다.

구조물의 무너지는 강도를 정확하게 예측한다는 것은 감지장치(感知裝置, sensor)를 설치하여 정해진 힘에 도달하였을 때 인위적으로 무너지도록 유도하기 전에는 일반적으로 가능하지 않다. 이는 재료, 구조부재의 형상, 접합방법, 시공의 질, 구조물의 연령 등 여러 가지 요인이 복합적으로 작용하여 구조물의 강도를 결정하기 때문이다.

구조재료 중 철 하나만 놓고 보더라도 불량률을 줄이기 위하여 설계 시 사용하는 공칭강도(公稱强度, nominal strength)보다 높은 강도로 공장에서 생산된다. 더욱이 구조엔지니어가 구조물의 보유강도를 예측하기 위하여 사용하는 여러 수학모델들은 가정에 의하여 실제를 이상화한 것이지 실제가 아님을 분명히 알아야 한다. 더 나아가 작용하중의 불확실성과 사용재료의 불량률을 고려하여 정한 안전계수(安全係數, factor of safety)도 구조물의 실제 강도를 예상 강도보다 높게 하는 역할을 한다.

따라서 경고문에 있는 최대하중을 웃도는 하중이 작용하였을 때 왜 구조물이 바로 무너지지 않는지 설명이 된다. 이 말은 구조물의 기능으로 말미암는 일상적인 하중이 작용할 때 그렇다는 것이지, 아무리 큰 하중이 작용하여도 구조물이 무너지지 않는다는 것을 의미하는 것은 아니다.

구조물의 강도를 정하는데 있어서 필연적으로 존재하는 이러한 여유(餘裕, margin)는 우리가 안전하게 생활할 수 있도록 보장하는 고마운 요소이다. 그러나 여유가 너무 크면, 그야말로 너무 안전한 비경제적인 구조물로 설계될 우려도 있기 때문에 알맞은 여유를 갖도록 설계하여야 한다. 지진이나 폭발 또는 충돌등과 같은 비상시, 하중의 영향이 구조물이 갖고 있는 모든 여유를 초과하게 되면 구조물이 무너질 수도 있음을 알아야 한다.

그러므로 경고문에 표기된 구조물의 예상 강도는 대개 구조물의 사용성 및 건전성 유지의 한계와 관련이 있다고 하겠다. 즉 표기된 하중을 초과한다고 하여 구조물이 바로 무너지는 것은 아니지만, 구조물의 수명기간 동안 발휘할 것으로 기대되는 기능에 장애가 발생할 수도 있고, 수명이 단축될 수도 있다는 의미이다. 즉 운동선수가 경기 도중에 자신의 한계를 지나는 경기를 펼치면 몸에 이상이 오고, 이를 회복하는 데에 오랜 시간이 걸리며, 그리고 이러한 일이 반복되면 피로가 누적되어 선수로서의 수명을 일찍감치 다하게 되는 것과 같다. 구조물의 표기된 용량을 초과하여 하중을 부과하는 일이 반복되면 누구도 예기치 못한 때에 구조물에 이상이 생길 수도 있다는 이야기이다.

지진의 세기

> 지진은 가속도, 속도, 변위 등 세 가지 형태로서 건물에 전달된다. 가속도, 속도, 변위는 시간에 대한 미분 또는 적분을 통하여 동일한 물리량을 다르게 표현한 것으로서 시간의 함수이며, 지진이 발생한 지점으로부터의 거리 및 지반의 종류에 따라 다르다.

위성사진으로부터 바람의 흐름과 구름의 분포를 관찰하여 며칠간의 기후를 예측하는 일기예보처럼 지진의 발생을 예측할 수 있다면 얼마나 좋을까? 그러나 지진은 땅속 깊은 곳에서 누적된 힘이 순식간에 분출되면서 일어나는 현상이기 때문에 땅 위에 사는 사람들이 그 발생을 미리 예측할 길이 없다. 다만 기록에 의하면 동물들은 사람보다 민감하여 지진이 발생하기 수 시간 전부터 안절부절 한다든지 집단이주를 하는 등 평소와는 다른 행동을 보인다고 한다. 지진은 지반을 통하여 빠른 속도로 건물에 전달되기 때문에 지진이 발생하여 진행되는 동안 대개는 대피할 여유 없이 있는 그 자리에서 지진을 맞이할 수밖에 없게 된다. 그러므로 건물이 지진 때문에 무너지지 않고 견디어 주어야 사람들의 생명과 재산이 보존될 수 있다.

지구 위에 존재하는 모든 물체는 지구중심을 향하는 중력가속도의 영향 때문에 질량의 크기에 비례하는 무게라고 일컫는 힘의 지배를 받는다. 따라서 구조물들은 대개 수직방향(중력방향)으로 흐르는 힘에 견디도록 설계된다. 그러나 지진은 수평·수직 모든 방향으로 작용하는 힘의 요소를 포함하고 있기 때문에 지진하중이 작용하면 내진설계에 대한 개념 없이 건립된 구조물들은 손상 내지는 붕괴의 위험에 처할 가능성이 커진다. 마치 우리가 서 있는데 갑자기 누군가가 옆에서 밀면, 우리가 보통 서 있는 자세로는 옆으로 밀치는 힘에 효과적으로 저항할 수 없기 때문에 넘어질 수밖에 없는 것과 같은 원리이다. 이때 넘어지지 않으려면, 다리를 벌리고 몸을 낮추고 무게중심을 미는 힘의 반대방향으로 움직여 주어야 한다. 그러나 건축구조물은 이와 같이 대처할 수 없는 무생물이기 때문에 건립된 형태 그대로 서서 지진하중을 견디게 된다.

지진은 가속도(加速度, acceleration), 속도(速度, velocity), 변위(變位, displacement), 이렇게 세 가지 형태로서 건물에 전달된다. 여기서 가속도, 속도, 변위는 시간에 대한 미분 또는 적분을 통하여 동일한 물리량(物理量, physical quantity)을 다르게 표현한 것으로서 시간의 함수이며, 지진이 발생한 지점으로부터의 거리 및 지반의 종류에 따라 다르다. 지반은 지진에 의하여 보통 일 초당 수회 내지 수십 회 진동한다. 여기서 일초 동안 진동하는 횟수를 주파수(周波數, frequency)라고 하며, 라디오 기지국의 주파수와 동일한 Hz(헤르츠 Hertz)를 단위로 사용한다. 이러한 진동을 시간에 대하여 표시하면, 병원에서 환자의 심장박동을 나타내는 심전도와 비슷한 생김새가 된다. 건물은 지반 위에 서 있기 때문에 건물 바로 아래의 지반이 흔들릴 때 이 세 가지 요소가 함께 건물에 영향을 주게 된다. 이중에서 가속도는 건축물의 질량과 더불어 지진하중의 크기를 결정하는 요인이 된다.

지진의 세기는 주로 지반가속도의 최대진폭(最大震幅, maximum amplitude)에 의하여 결정되며 중력가속도(g)의 배수로 나타낸다. 즉 어떤 지진의 세기가 0.4g라면, 이는 지반가속도의 최댓값이 중력가속도의 40퍼센트라는 의미이다. 공진(共振, resonance)과 충격(衝擊, impact)을 고려하지 않을 경우, 이는 건물무게의 40퍼센트에 해당하는 힘이 지진의 진행방향 또는 그 반대방향으로 건물을 미는 셈이 된다.

공진은 공명(共鳴)이라고도 하며 주파수가 같은 두 개의 파동(波動, wave)이 겹칠 때 그 진폭이 증폭되는 현상을 일컫는다. 같은 크기의 소리굽쇠 두

> 지진은 가속도, 속도, 변위 등 세 가지 형태로서 건물에 전달된다.

개를 서로 가까이 세워놓고, 그 중 하나만 때리면, 때리지 않은 다른 소리굽쇠까지 진동하게 된다. 이는 크기가 같은 두 소리굽쇠의 고유주기(固有週期, natural period)가 같음으로 인하여 하나의 소리굽쇠가 진동하여 그 주위의 공기를 타고 전달된 미세한 진동의 주기(週期, period)와 다른 소리굽쇠의 고유주기가 같게 되고, 그 결과 공진을 일으켜 미세한 진동이 증폭되기 때문에 나타나는 현상이다. 여기서 주기는 한 번 진동하는데 걸리는 시간으로 주파수의 역수이고 초(秒, second)를 단위로 사용한다.

공진현상의 또 다른 예를 교회의 종치는 모습에서도 찾아볼 수 있다. 종각에 높이 매달린 종을 치려면 아래로 늘어진 줄을 잡아당겨야 한다. 그러나 종이 크고 무거운 경우 줄을 잡아당긴다고 하여 단번에 종소리가 울리게 할 수는 없는 노릇이다. 한 번 줄을 잡아당기면 종이 약간 흔들리고 따라서 줄이 약간 위아래로 오르내리게 된다. 줄이 내려올 때마다 잡아당기면 오르내리는 정도가 점점 커지게 되고, 이러한 동작을 몇 번 반복하여야 종소리를 울릴 수 있게 된다. 여기서 줄이 내려올 때 잡아당긴다는 것은 종이 좌우로 진동하는 주기에 맞추어 힘을 가하는 것이 되고, 이는 종의 진동과 힘을 가하는 주기를 일치시켜서 공진효과를 통하여 줄을 잡아당기는 사람의 힘을 증폭시켜 종의 움직임을 크게 하고자 함이다. 공진은 진동의 진폭을 단번에 크게 하는 것이 아니라 반복적으로 진동을 가할 때마다 점진적으로 커지게 함을 알 수 있다. 지진의 진동주기가 건물의 고유주기와 일치하거나 가까우면 공진현상이 일어나서 진동이 진행됨에 따라 지진하중이 점점 증폭된다.

 지진의 요소 중에서 속도는 건축구조물에 충격을 가하는 것과 같은 효과를 일으킨다. 충격은 극히 짧은 시간 동안에 작용하는 힘으로 정의할 수 있으며, 상당히 파괴적이다. 일정한 무게의 물건을 저울 위에 서서히 살짝 올려놓을 때와 툭 떨어뜨릴 때의 저울바늘이 가리키는 초기의 눈금이 다르다. 물건을 떨어뜨리는 것은 충격을 가하는 것이고, 같은 무게의 물건이라도 서서히 놓을 때보다 훨씬 큰 힘을 발생시킨다. 그러나 진동이 사라지면 원래의 무게에 해당하는 힘만 남게 된다.

 지진의 진동에 의한 공진과 충격은 건축구조물에 전달되는 지진의 세기를 증폭시켜서 건물을 손상시키거나 붕괴시키기에 충분한 힘이 될 수 있다. 예를 들어 세기가 0.4g인 지진의 진동이 공진과 충격으로 인하여 지반상태에 따라 건물 안에서는 1.0g 이상으로 증폭된 것과 대등한 힘이 되어 작용할 수도 있다.

 지진은 예측 불가능한 하중이기 때문에 내진설계에서는 지진발생의 불확실성을 극복하고자 지진의 회귀주기(回歸週期, return period)를 지진의 세기와 연관시킨다. 회귀주기는 어떤 지역에 발생하였던 어느 특정한 세기의 지진이 다시 발생하기까지 걸리는 시간을 의미하며, 과거에 발생하였던 지진 관측을 토대로 추정된다. 대개 지진의 세기가 클수록 회귀주기는 길어진다. 그러나 지진의 세기별로 확신 있게 회귀주기를 제시할 정도로 충분한 관측 자료가 모인 것도 아니고, 그렇다고 지진이 회귀주기를 정확하게 지키며 찾아오는 것도 아닌 만큼, 지진의 세기와 회귀주기를 확률론적으로 표현한다. 즉 어떤 지역에서 50년 주기 동안 세기가 0.4g를 초과하는 지진이 발생할 확률이 10퍼센트라고 한다면, 이는 그 지역에서 세기가 0.4g인 지진의 회귀주기가 500년으로 추정됨을 의미한다.

지진의 세기를 측정하여 객관적으로 나타내고자 진도(震度, seismic intensity)와 규모(規模, seismic scale)를 고안하여 사용하고 있다. 우리가 사용하는 대표적인 측정단위로는 고안한 사람의 이름을 따라서 일컫는 머칼리 진도(Mercalli intensity scale)와 리히터 규모(Richter magnitude scale)가 있다.

머칼리 진도는 지진의 세기를 사람들의 느낌, 동물들의 반응, 사물의 현상 등을 보고서 정성적(情性的, qualitative)으로 표현한다. 예를 들어, 머칼리 진도 5는 다음과 같이 묘사된다.: "거의 모든 사람들이 감지할 수 있고 많은 사람들이 잠에서 깨어난다. 일부 접시 및 창문들이 깨어지고, 벽에 바른 석회 마감에 금이 간다. 불안정하게 서 있는 물건들이 넘어진다. 나무나 장대를 비롯하여 키가 큰 물체가 눈에 띄게 흔들린다. 시계추가 멈춘다." 그러나 같은 지진이라도 사람에 따라서 느끼거나 또는 지역에 따라서 나타나는 현상이 달라질 수 있기 때문에 머칼리 진도는 객관적이라고 할 수 없다. 그러므로 세계의 여러 나라에서는 각자의 형편에 맞는 진도를 고안하여 사용한다.

리히터 규모는 진앙으로부터 100km 떨어진 지진계에 기록된 최대진폭에 상용로그(log)를 취하여 지진의 세기를 나타낸 것으로서 정량적(定量的, quantitative)이며 진도에 비하여 절대적이라고 할 수 있다. 여기서 진앙(震央, epicenter)은 진원 위에 있는 지표면에서의 위치이고, 진원(震源, source)은 지구표면 아래 지진이 발생한 지점을 의미한다. 리히터 규모는 지진에너지와 관련이 있으며, 규모 1이 증가하면 지진에너지는 32배로 증가하게 된다. 예를 들어 리히터 규모 4.5와 6.5는 약 1,000배의 지진에너지의 차이를 의미한다. 따라서 많은 사람들이 듣기를 원하는 "건축구조물이 리히터 규모 얼마까지를 견디도록 설계하였다."고 말하는 것은 적절하지 않은 표현이라고 하겠다.

건물의 운동법칙, 운동방정식

건축구조물을 지진에 대하여 설계할 때에는 건축구조물이 지어지기 전이므로 지진에 대한 건물의 응답을 파악하려면 건축물을 대신하여 진동할 수학모델이 필요하다. 이 수학모델을 운동방정식이라고 한다.

지진이 발생하면 지반이 진동하고, 지반의 진동은 건축구조물을 진동하게 한다. 일반적으로 진동(振動, vibration)은 시간에 따라 사물의 위치나 움직임이 반복적으로 변화하는 것을 의미한다. 시간에 대한 변화를 상황에 따라 적절하게 묘사하기 위하여 거리, 속도, 가속도 등의 물리량을 사용하며, 이들은 미분과 적분을 통하여 서로 연결되어 있다. 즉 시간에 대한 거리의 변화는 속도이고, 시간에 대한 속도의 변화는 가속도가 된다. 지반의 진동에 의한 거리, 시간, 가속도는 모두 시간의 함수이다. 예를 들어 100m를 10초에 달리는 사람의 평균속도는 10m/sec이고, 이 사람이 출발하여 5초 만에 10m/sec의 속도에 도달하였다면 이 5초 동안의 평균가속도는 2m/sec2인 셈이 된다.

건축구조물을 지진에 대하여 설계할 때에는 건축구조물이 지어지기 전이므로 지진에 대한 건물의 응답을 파악하려면 건축물을 대신하여 진동할 수학모델이 필요하다. 이 수학모델을 운동방정식(運動方程式, equation of motion)이라고 한다. 수학모델은 어떤 현상에 대한 데이터나 외적 조건을 수학적 관계 속에 집어넣어 결과를 예측할 수 있는 모든 것을 지칭한다. 예를 들어 10단의 계단을 오르는데 이미 올라선 계단 수와 더 올라가야 할 남은 계단 수의 관계도 수학모델을 사용하여 나타낼 수 있다. 수학모델은 이처럼 간단한 문제뿐만 아니라 일기예보나 우주과학처럼 복잡한 문제를 해결하기 위한 수단으로도 사용된다.

운동방정식을 풀이하려면 지진기록과 건축구조물의 재료나 기하학적 조건 등이 필요하고, 풀이 결과 건축구조물의 지진에 대한 응답을 예측하게 된다. 운동방정식은 지진에 의한 외부의 힘과 이에 저항하고자 건축물 내부에 발생한 힘 사이의 평형(平衡, equilibrium)을 이용하여 구성된다. 건축물 내부에 힘이 발생하는 것은 마치 얼음판 위를 걸어갈 때 넘어지지 않기 위하여 몸의 균형을 잡으려고 온 관절에 힘이 주어지는 것과 마찬가지이다. 지진에 저항하여 건축구조물 내부에 발생하는 힘은 가속도에 의한 관성력, 속도에 의한 감쇄력 그리고 변형에 의한 탄성력의 합이다. 여기서 가속도, 속도 및 변위는 지반과 건축물간의 상대가속도, 상대속도 및 상대변위를 의미한다. 변위(變位, displacement)는 작용하는 힘에 의하여 발생한 건축구조물의 처짐이며, 앞서 언급한 움직인 거리 및 변형을 포괄한다.

지진에 의한 외부의 힘은 뉴턴의 제2법칙에 따라 지반가속도와 건물 질량의 곱으로 주어진다. 지반가속도는 원칙적으로 지진이 건물에 작용할 때 지진계(地震計, seismograph)에 의하여 기록된 것을 사용하여야 한다. 하지만 건물이 설계될 당시에는 건물이 지어지기 전일뿐만 아니라 미래에 발생할 지진기록 자체가 있을 수 없다. 따라서 과거에 발생하였던 다양한 주파수의 여러 지진기록들을 그 지역에서 예상되는 지진의 세기로 조정하여 사용한다. 특정한 지역에 예상되는 지진의 세기는 중력가속도(g)의 배수로 나타내며, 과거의 지진발생 빈도(頻度, frequency)로부터 정한 회귀주기 및 지질학적 조건 등을 고려하여 확률론적으로 나타낸다. 예를 들어 어떤 지역에 "50년간 0.2g를 초과하는 지진이 발생할 확률이 10%"라는 표현을 사용하며, 이는 그 지역에서 세기가 0.2g인 지진의 회귀주기가 500년인 것을 암시한다.

건물의 질량은 건물전체에 걸쳐 고루 분포되어 있지 않고 주로 각층의 바닥에 집중되어 있는 것으로 간주한다. 이는 건축구조물에 작용하는 대개의 중력방향 하중이 바닥에서 모아져 기둥을 통하여 아래로, 아래로 지반까지 흘러가기 때문이다. 따라서 단순한 평면형상을 갖는 단층건물의 질량은 주로 지붕의 질량을 건물의 질량으로 사용하지만, 복잡한 평면형상을 갖게 되면 평면의 비틀림을 고려하여야 하고, 층수가 여러 개인 경우에는 건물의 질량이 각층 바닥에 분산되어 운동방정식을 복잡하게 만든다. 여기서 단순한 평면형상이란 사각형이나 원형 등 도심(圖心, center of figure)을 비교적 간단하게 구할 수 있는 형태의 평면을 일컬으며, 복잡한 평면형상이란 'ㄱ', 'ㄷ', 'ㄹ' 등의 형태를 갖는 평면을 일컫는다.

관성력(慣性力 inertia force)은 건물의 각층에 분포된 질량과 상대가속도의 곱에 의하여 계산된다. 상대가속도는 건물 각층의 질량에 작용하는 가속도로서 지반가속도와는 구분하여 생각해야 한다. 즉 지진이 작용하여 지반을 진동시킬 때 전체 우주적인 관점에서 보면 건물의 질량에 작용하는 가속도는 지반가속도와 상대가속도의 합이라고 할 수 있기 때문이다. 또한 지반가속도가 건물 각층의 질량으로 전달되는 경로는 기둥을 타고서 위로, 위로 전달되기 때문에 지반가속도와는 방향이나 크기뿐만 아니라 주기도 달라지며, 층의 위치에 따라 서로 간의 상대가속도 역시 달라진다.

감쇄력(減殺力, damping force)은 건물 각층 바닥의 움직이는 속도와 감쇄계수(減殺係數, damping factor)의 곱에 의하여 계산된다. 감쇄력은 문자 그대로 건물 진동의 크기를 없어질 때까지 점점 줄여나가는 가상의 장치이다. 즉 눈에는 보이지 않지만, 그 효과는 분명하게 알 수 있는 그런 것이다. 주사기에 물을 채운 후 피스톤을 누르면 주사바늘 끝의 작은 구멍을 통하여 물이 빠져나가면서 피스톤이 움직이며 어느 정도의 저항을 느낄 수 있다. 바

관성력은 건물의 각층에 분포된 질량과 상대가속도의 곱에 의하여 계산된다.

로 이 저항이 감쇄력이다. 피스톤을 지그시 누르면 저항이 약하지만, 빨리 누를수록 저항은 강해지고, 갑자기 누르면 반발력이 상당하다. 즉 피스톤을 움직이는 속도가 빨라질수록 그에 비례하여 감쇄력은 커진다. 이러한 감쇄장치는 스프링과 합하여 자동차의 완충기(緩衝器, shock absorber)로도 사용된다.

감쇄를 설명할 수 있는 또 다른 메커니즘은 마찰(摩擦, friction)이다. 마찰저항은 마찰 면에 수직한 힘과 마찰계수의 곱으로 계산된다. 우리가 언덕길을 미끄러지지 않고 오를 수 있는 것은 우리의 신발바닥과 흙 사이의 마찰력이 충분하기 때문이다. 그러나 겨울이 되어 언덕이 눈으로 덮이면, 특히 쌓인 눈이 얼면, 언덕길을 쉽게 오를 수 없다. 얼음 면은 마찰계수가 작기 때문이다. 이때 모래를 뿌리면 마찰계수가 높아지므로 눈이 덮이지 않았을 때와 마찬가지로 언덕길을 다시 오를 수 있게 된다. 또 다른 예로 자동차의 브레이크 패드를 생각할 수 있다. 자동차로 달리다가 브레이크 페달을 누르면 계속 구르려고 하는 자동차 바퀴와 브레이크 패드 사이의 마찰저항으로 인하여 자동차가 서게 된다. 이것은 마찰에 의한 감쇄가 속도와는 관계없이 움직인 거리만큼 지속적으로 움직임에 대하여 저항하는 것을 보여 주는 예이다.

건물을 비롯한 모든 사물에는 눈으로 볼 수 있는 완충장치는 없지만, 사물을 구성하고 있는 재료나 구성방식 속에 감쇄의 요인이 숨어 있으며, 이를 구조물 특유의 감쇄비로 나타낸다. 대나무 자의 한끝을 책상모서리 바닥에 대고 손바닥으로 누른 후, 허공으로 나온 다른 끝을 눌렀다가 갑자기 놓으면 대나무 자는 파르르 진동하는데, 이러한 진동은 얼마간 지속되지만 영원히 계속되지는 않는다. 억지로 멈추게 하지 않았음에도 불구하고 진동이 자연스레 멈추게 되는 이러한 사례는 우리 주변에서 얼마든지 찾아볼 수 있다. 이것이 바로 비록 눈에는 보이지 않지만 진동을 멈추게 하는 어떤 메커니즘이 구조물 속에 존재한다는 증거라고 할 수 있다.

눈에 보이지 않는 이러한 감쇄효과를 수학모델에서 시각화 한 것이 바로 감쇄력이다. 건축구조물속에 존재하는 감쇄는 속도에 비례하며, 감쇄비(減殺比, damping ratio)는 구조재료에 따라 다르며 보통 한계감쇄계수(限界減殺係數, critical damping factor)의 3%~6% 정도인 것으로 알려져 있다. 감쇄비는 실험을 통하여 자유 진동하는 구조물의 응답을 측정하여 구한다.

지진에 대한 구조물의 저항성능을 높이고자 실제로 눈에 보이는 감쇄장치(減殺裝置, damper)를 건축구조물에 설치하는 경우도 있다. 구조물 속에 감추어진 감쇄효과나 눈에 보이는 감쇄장치는 결국 지진에너지를 소산(消散, dissipate)하여 지진에 의한 구조물의 응답 요구량을 줄임으로 지진에 대하여 구조물을 보호하는 것이다.

변형에 의한 탄성력은 스프링에 힘을 가하면 스프링이 변형하면서 동시에 가해진 힘에 저항하는 것과 같은 원리이다. 즉 지진에 의하여 발생한 힘이 작용하면 건축구조물은 변형하게 되지만, 이 변형으로 말미암아 저항력이 생성된다.

위에 열거한 건축물 내부의 저항력(관성력, 감쇄력 및 탄성력의 합)과 지진에 의한 외부의 힘(각층 질량과 상대가속도의 곱)은 매순간 서로 평형을 이루고 있으며, 그 합은 '0'이 된다. 이로부터 2차 미분방정식인 운동방정식이 구성된다. 특수한 경우를 제외하고는 지진에 대한 운동방정식의 일반해는 없으므로 수치해석에 의한 방법으로 구조물의 응답을 구한다. 운동방정식으로부터 구하는 구조물의 응답은 대개 건축구조물의 질량이 집중되어 있는 각층의 변위가 된다. 구조부재에 작용하는 힘은 구해진 변위에 구조부재의 강도(剛度, stiffness)를 곱하여 구한다. 비록 수학적으로는 운동방정식에 의하여 구조물의 변위를 예측할 수 있지만, 수학모델은 어디까지나 모델이고 실제 구조물은 아니기 때문에, 또한 실제로 일어날 지진기록을 사용할 수 없기 때문에, 구조물이 미래의 지진에 대하여 예측한 응답대로 거동하리라는 보장은 있을 수 없는 것이다. 다만, 전문가로서 이 일을 수행한 구조엔지니어의 자질과 건축주의 판단과 사회적 관심에 의하여 설계에 활용하여 미래에 대비할 수 있을 뿐이다. 물론 이렇게 대비한 구조물의 생존할 가능성이 그렇지 않은 구조물에 비하여 훨씬 높을 것을 기대하면서.

내진설계에도 철학이 있다

내진설계에도 당연히 철학이 있다. 내진설계철학은 내진설계의 대원칙을 뜻한다. 즉 지진에 대하여 건축구조물을 어느 정도로 보호할 것인가, 다시 말하면 어느 정도의 손상을 허용할 것인가를 결정하는 원칙이다.

어렸을 적에 방학을 하면 가장 먼저 하였던 일이 방학 중 계획표를 만드는 것이었다. 무엇을 할 것인지를 적어 넣기도 하였고 하루를 어떻게 보낼는지 시간표를 만들기도 하였다. 물론 오래가지 않아 무용지물이 되기 일쑤였지만 말이다. 어른이 되어서도 얼마 전까지만 하여도 새해 첫날이 되면 그 해의 계획을 세우기도 하고 새해결심도 해 보았지만, 며칠 가지 못하곤 하던 기억이 있다. 하지만 어디에 특별히 기록한 것도 아니고 일부러 다짐한 것이 아님에도 불구하고 내 생각과 행동의 방향을 결정하는 그 어떤 원칙이 내 안에 있는 것을 느낄 수 있다. 적절한 표현인지 모르겠지만, 아마 이것이 살아오면서 갖게 된 인생철학이라고 할 수 있지 않을까 한다.

철학은 인생의 의미를 찾고자 고민하고 나름대로의 방향을 제시하려고 노력하는 학문분야이다. 철학을 공부하는 분들이 동의할지 모르지만, 철학이라는 말은 아마도 생각하고 논하는 모든 분야에 적용할 수 있는 말인 것 같다. 그래서 인생철학이니, 교육철학이니, 경영철학이니 하는 말도 있고, 그리 좋은 예는 아니지만, 개인적인 의견을 장황하게 늘어놓는 것을 보고 개똥철학이라고 하기도 한다. 이렇게 보면 내진설계에도 당연히 철학이 있을 수 있다. 내진설계철학(耐震設計哲學, seismic design philosophy)은 내진설계의 대원칙을 뜻한다. 즉 지진에 대하여 건축구조물을 어느 정도로 보호할 것인가, 다시 말하면 어느 정도의 손상을 허용할 것인가를 결정하는 원칙이다. 그리고 이 원칙을 실현하기 위하여 내진설계의 구체적인 방법들이 고안된다. 이는 마치 학교의 교훈을 달성하기 위한 실천사항들을 정하는 것과도 같다. 또는 휴가를 어디에서 보낼 것인가를 결정하고 난 후, 그곳에 도착하기 위한 여러 가지 가능한 방법들을 생각해내는 것과도 같다.

내진설계철학은 학자와 엔지니어들이 안전과 경제성을 고려하여 과거 연구 성과와 발생하였던 지진의 경험을 토대로 정해지며, 구조설계기준에 반영된다. 현재 우리나라를 비롯한 세계 각국의 설계기준에 반영된 내진설계철학은 1980년대에 미국의 캘리포니아 엔지니어협회에서 채택한 것으로서 다음과 같이 정리할 수 있다.

(1) 약하거나 중간세기의 지진으로 인하여서는 구조물이 손상되지 말아야 하고
(2) 강한 지진으로 인하여서는 구조물의 손상은 허용하되 수리가 가능하여야 하며
(3) 아주 강한 지진으로 인하여서는 구조물의 파손은 허용하되 사람의 생명을 다치게 하는 붕괴는 일어나지 말아야 한다.

어찌 보면 구체적인 방법을 제시하지 않으면서 이런 표현을 사용한다는 것이 너무 두루뭉술하고 무책임해 보이기도 하지만, 내진설계의 대원칙을 명료하게 제시한 것이라고 생각한다. 오히려 내진설계철학을 통하여 내진설계의 방향만 제시하고 구체적인 적용방법은 엔지니어의 몫으로 남겨 둠으로써 다양한 내진설계방법을 고안하는 것이 가능하도록 능력 있는 엔지니어에게 상상의 자유를 부여한 조치라고 할 수 있다.

내진설계철학이 암시하는 바는 어느 정도 세기의 지진까지는 구조물의 손상을 제한한다든지, 지진 후 수리하여 다시 사용할 수 있을 정도의 손상만을 허용하는 등 경제적인 측면을 고려하도록 배려하는 것이지만, 궁극적으로

는 경제적 손실을 감수하고서라도 사람의 생명을 보호하려는 것이다. 이는 사람의 생명은 세상의 그 어떤 것보다도 귀하기 때문이다. 내진설계철학은 설계자가 건축구조물을 설계만 하고 그 책임을 끝내는 것이 아니라, 건물이 지어진 후 실제로 지진이 발생하였을 경우, 건물이 어떻게 거동하도록 할 것인가를 결정하도록 요구하고 있다. 여기서 거동(擧動, behavior)이라는 표현은 건물을 의인화하여 지진에 대한 건축구조물의 반응을 뜻하고자 사용한 것이다.

그러면 이러한 내진설계철학의 취지를 어떻게 달성할 수 있을까? 지진이 언제, 어떤 세기로, 어느 방향에서 닥쳐올지 알지 못하는데, 알지도 못하는 지진에 대하여 견디도록 어떻게 구조물을 건축할 수 있을까? 지진에 대하여 모든 것을 알 수 있다고 하더라도 건축구조물의 손상이나 파괴 정도를 내진설계철학에서 명기하듯 과연 어떻게 조절할 수 있다는 것일까? 이는 건축구조에 관심이 있는 사람이라면 당연히 가져 봄직한 의문이요, 해결해야 할 과제이다.

지진은 매우 불확실한 하중의 요인이기 때문에 정확하게 예측할 수 있는 성격의 것이 아니다. 마치 사람이 언제 어디서 어떻게 죽을지 알 수 없는 것과 같다. 다만 분명한 것이 있다면 사람은 누구나 언젠가는 죽는 것처럼 지진으로부터 자유로울 수 있는 곳은 이 지구 위에 없다는 것이다. 지역에 따라 차이가 있다면 지진발생의 빈도(頻度, frequency)로 인한 차이일 뿐이다. 즉 일본이나 뉴질랜드처럼 지진의 발생이 매우 빈번한 지역이 있는가 하면, 우리나라처럼 지진의 발생빈도가 매우 낮아서 지진이 없다고 여겨질 정도의 지역도 있다. 판구조이론에 따르면 일반적으로 판의 경계에 위치한 지역은 지진의 발생빈도가 높고, 판의 내부에 위치하여 경계로부터 멀리 떨어진 지역은 발생빈도가 낮다고 한다.

지진의 발생빈도는 이론적으로 어떤 세기의 지진이 어느 지역에 얼마나 오랜 기간 후에 다시 발생하는가를 관찰하여 수학적으로 그리고 통계적으로 추측한 회귀주기(回歸週期, return period)를 근거로 결정한다. 그런데 근대적 지진관측의 역사가 1세기 정도밖에 안 되기 때문에 이러한 관측 자료로부터 회귀주기가 수십 년 내지 수백 년 또는 수천 년으로 생각되는 강한 지진의 발생빈도를 추정한다는 것은 무리이다. 그럼에도 불구하고 구조물의 설계를 위한 하중기준에는 지진의 발생빈도와 지반상태 등을 고려하여 설계지진하중을 계산하도록 되어 있는데, 이는 달리 마땅한 방법이 없는 현실에서 구조설계자들에게 극복하여야 할 대상에 대한 통일된 그림을 그릴 수 있도록 마련된 최선책이라고 생각할 수 있다. 따라서 오랜 세월에 걸쳐 지진관측 자료가 쌓여감에 따라 하중기준의 불확실성도 점차 줄어들게 될 것으로 기대된다. 그러므로 하중기준에서 정한 지진하중을 초과하는 지진이 발생할 가능성이 항상 있음을 알아야 한다.

이는 우리나라도 지진으로부터 완전히 자유로운 안전한 지역일 수 없다는 말이 된다. 실제로 중국의 탕샨이라는 도시는 1976년 대지진이 발생하여 공식적으로는 그 지역 인구의 1/4, 비공식적으로는 2/3 정도가 죽기 전까지는 역사상 지진발생기록이 없던 지역이었다. 그러면 이렇게 불확실한 지진에 대하여 구조물의 설계는 어떻게 하여야 할까? 상대가 불확실하다고 하여 경기를 포기하는 운동선수가 없듯이, 지진의 불확실성 때문에 내진설계를 포기할 수는 없는 노릇이다.

어느 산이든 등산할 때 정상으로 오르는 길은 얼마든지 여러 갈래가 있을 수 있다. 산을 오를 때에 반드시 정해놓은 한 길로만 올라야 한다는 법은 없다. 어떤 길은 완만하여 오르기 쉬운 반면에 정상까지 오르는 데 걸리는 시간이 길 수 있고, 다른 길은 경사가 급하여 오르기에 힘은 들지만 시간이 짧게

걸릴 수도 있다. 하지만 어느 길을 택할 것인가는 등산하는 사람의 사정이나 취향에 따라 결정된다.

　마찬가지로 동일한 내진설계철학에 따라 건축구조물을 설계한다고 하더라도 선택할 수 있는 여러 가지 방법이 있을 수 있다. 즉 내진설계에는 힘을 다스리는 방법, 변형을 다스리는 방법 그리고 에너지를 다스리는 방법이 있다. 이를 풀어 설명하면, 건축구조물이 전혀 손상되지 않고서 지진을 견딜 수 있도록 구조물 자체를 강하게 하는 힘을 다스리는 방법으로 설계하거나, 지진에 의한 변형을 줄이거나 구조부재의 변형 능력을 늘리는 변형을 다스리는 방법으로 설계하거나, 지진에너지를 흡수하기 위한 별도의 기계 기구를 설치하거나 구조물 일부의 손상을 통하여 막대한 지진에너지를 흡수함으로써 지진을 견디도록 하는 에너지를 다스리는 방법으로 설계할 수 있다. 어느 방법을 선택할 것인가는 건축물의 용도에 의하여 결정되기도 하고, 엔지니어의 판단에 의하여 결정되기도 하며, 때로는 건축주의 요청에 의하여 결정되기도 한다. 예를 들어, 원자력발전소의 경우 지진에 의하여 손상을 입어 방사능이 유출된다면 그 영향이 너무도 엄청날 수 있기 때문에 가급적 손상을 허용하지 않는 방법을 택하게 된다.

　에너지라는 것은 근본적으로 일을 할 수 있는 능력이라고 할 수 있다. 수학적으로는 힘과 변형의 곱이 에너지이다. 그리고 일은 힘이 이동하는 것이다. 쉽게 말하면 무게는 힘이라고 할 수 있으므로 일정한 무게를 가진 물건을 이동시키는 것도 일하는 것이 된다. 예를 들어 학생이 가방을 들고 걸어가는 것을 보면 학생이 가방의 무게와 자신의 몸무게를 이동시키고 있기 때문에 일을 하는 것이다. 철사를 구부리는 것도 일이다. 이는 철사를 구부리려고 손가락에 가한 힘이 철사가 구부러진 만큼 그 구부러지는 방향으로 이동하였기 때문이다.

일을 하려면 에너지가 필요하다. 학생이 걸어감으로써 일을 한 것이나 철사를 구부림으로써 일을 한 것은 몸속의 에너지를 사용하였기 때문에 가능하였던 것이다. 그런데 철사의 입장에서 보면 손가락으로부터 에너지를 전달받음으로써 구부러져 있는 상태가 되었다. 즉 구부러짐으로써 에너지를 흡수한 셈이 된다. 철사가 구부러져서 도로 펴지지 않는다는 것은 철사가 탄성한계를 넘어 소성영역으로 깊숙이 들어서도록 변형하였다는 것을 뜻하고, 이는 철사가 손상을 입은 것으로 간주할 수 있다. 철사를 손가락으로 잡고 아래로 굽혔다가 위로 굽히는 동작을 반복해 보면, 아마 열 번에서 스무 번 정도 반복하면 굽혀지는 부분은 열이 나서 뜨뜻해질 것이고 결국 철사는 끊어질 것이다. 이때 대부분의 에너지는 철사를 구부리는데 사용되었지만 일부는 열로 소모된다. 이렇듯 에너지를 흡수한다는 것은 구조물이 손상을 입는다는 것을 뜻한다. 마찬가지로 지진에 의하여 건축구조물이 손상을 입는다는 것은 손상을 통하여 지진에너지를 소비, 즉 흡수하는 셈이 된다.

모든 재료는 그리고 재료로 구성된 구조부재 및 구조물은 힘을 가하면 정

내진설계철학은 지진에 대하여 건축구조물을 어느 정도로 보호할 것인가를 결정하는 원칙이다

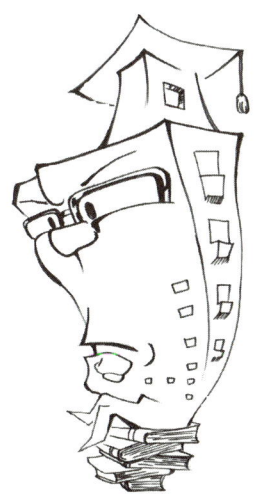

도의 차이는 있을지언정 마치 스프링을 잡아당기거나 누르면 변형하듯 예외 없이 변형한다. 그런데 가한 힘이 그다지 크지 않거나 변형이 크지 않을 경우에는 힘을 제거하면 변형은 사라지고 힘을 가하기 전 변형이 없었던 모습으로 원상회복하게 된다. 이렇게 힘이 제거된 후 원래의 모습을 회복하는 성질을 탄성(彈性, elasticity)이라고 하고 재료가 탄성을 유지하는 변형구간을 탄성영역이라고 한다. 그러나 변형이 커져서 탄성한계를 넘어서게 되면 힘을 제거하더라도 원래의 모습으로 온전하게 회복되지 않게 되는데 이런 성질을 소성(塑性, plasticity)이라고 한다. 구부러진 철사는 탄성영역을 넘어도 한참 넘어 소성영역으로 크게 변형하였기에 탄성변형이 회복되더라도 소성변형은 고스란히 남게 되어 전체적인 변형의 회복에 미치는 영향은 미미하기 때문에 구부러진 상태로 남아 있게 된 것이다.

그렇다면 건축구조물의 손상 허용여부를 어떻게 설계에 반영할 수 있을지 생각해보도록 하자. 비록 극복하여야 할 대상인 지진은 불확실하지만, 이에 비하여 재료, 치수, 얼개 등 건축구조물에 대한 정보는 상당히 확실하다고 할 수 있으며 대단히 구체적이다. 그러므로 지진하중에 의한 요구량에 비하여 건축구조물의 보유능력은 비교적 신빙성 있게 예측할 수 있는 것으로 간주할 수 있다. 따라서 구조설계자가 건축구조물의 강도(强度, strength)를 적절히 조절함으로써 건물의 손상 허용여부를 결정하는 것이 어느 정도는 가능하다고 하겠다. 그러나 건물의 손상은 지진하중에 의한 요구량과 건축구조물의 보유능력 간 상대적인 크기에 의하여 결정되는 것인 만큼, 지진에 의한 요구량을 명백하게 규명할 수 있지 않는 한, 구조설계자가 건물의 손상을 허용하는 데에는 한계가 있음도 인정하여야 한다.

여기서 요구량은 말 그대로 요구되는 정도 또는 양을 말한다. 즉 지진이 건물에 작용하면 건물은 진동하게 되고 건축구조물을 구성하는 구조부재에는 힘이 전달되고 구조부재는 그 힘 때문에 변형하게 된다. 이렇게 건축구조물이 무너지지 않기 위하여 견뎌야 하는 힘과 변형의 크기가 바로 지진에 의한 요구량이다. 마치 "이 정도는 견뎌주어야겠소"라고 요구하듯. 이런 요구량과는 상관없이 건축구조물은 구성 재료, 구조부재의 크기 그리고 단면형상으로부터 타고난, 견딜 수 있는 힘과 변형의 한계를 가지고 있다. 이 견딜 수 있는 한계가 바로 건축구조물의 보유능력이 된다. 그러므로 지진하중에 의한 요구량이 건축구조물의 보유능력보다 크면 건축구조물이 손상을 입거나 붕괴될 가능성이 크게 된다. 어떠한 경우에도 보유능력이 요구량보다 크도록 만들어야 건축구조물이 안전하다고 할 수 있다.

이제 지진에 의한 건축구조물의 손상을 어떻게 허용할 수 있는가에 대한 대답을 알아보도록 하자. 건물의 손상을 허용하는 데 있어서 지진의 불확실성으로 말미암아 야기되는 한계를 극복하기 위하여 먼저 건축구조물의 강도를 하중기준에 의한 지진의 요구량에 맞추어 정하도록 한다. 하중기준에 따라 설계한다는 것은 건물에 작용하는 평상시 하중과 우리 주변에서 트럭이나 지하철의 통행에 의한 진동, 공사장으로부터 발생하는 진동 등에 대하여 충분한 저항력을 갖추도록 하는 조치라고 할 수 있다. 이렇게 설계된 건축구조물은 대개 종종 발생할 수 있는 작은 규모의 지진에 의한 진동에도 눈에 띄는 손상 없이 견딜 수 있다. 그 다음으로는 건축구조물이 충분한 변형 능력을 갖도록 즉 연성구조물(延性構造物, ductile structure)로 거동하도록 필요한 조치를 취하여야 한다. 이러한 연성설계개념은 현재 우리나라를 비롯하여 세계 여러 나라의 내진설계기준에서 채택하고 있다. 연성구조물은 하중기준 이상의 지진이 발생할 경우에는 항복(降伏, yield)하여 소성영역(塑性領域, inelastic range)을 넘나드는 변형을 통하여 엄청난 지진에너지를 흡수할 수 있다. 그러나 건축구조물이 탄성영역을 넘어 소성영역을 오간다는 것은 반복되는 굽힘으로 철사가 끊어지듯이 건물이 손상되고 있음을 알아야 한다.

여기서 연성이라는 말의 뜻은 끊어지거나 부서지지 않고, 즉 강함을 유지하면서 변형할 수 있는 능력을 일컫는다. 그러나 부드럽다는 말과는 구분하여야 한다. 예를 들어 갈대의 휘청거림을 연성이라고 하기에는 적절하지 않다. 갈대는 크게 변형할 수는 있지만 유지할 강함이 극히 작기 때문이다. 콘크리트와 유리는 형상을 유지할 정도의 강함은 있지만 크게 변형할 수는 없다. 따라서 연성이라는 말은 철근콘크리트나 철골처럼 강함도 유지하면서 동시에 크게 변형할 수 있는 재료나 구조부재에 사용한다. 그러므로 연성을 확보하기 위하여 필요한 조치란 이미 연성인 구조부재를 개별적으로 떼어 생각하는 것이 아니라 그것들이 연결되어 이루는 건축구조물 전체를 염두에 두라는 뜻이다. 즉 하나의 시스템으로서 건축구조물을 이루기 위해서는 기둥과 보를 접합하여야 한다. 이때 기둥과 보의 접합부가 충분한 강함을 가지고 있지 않다면 비록 기둥과 보는 개별적으로 연성을 갖도록 설계하였을지라도 이것들이 이루는 건축구조물은 절대로 연성일 수 없다. 이것은 마치 아무리 튼튼한 팔다리를 가진 사람이라도 관절이 병약하면 강하다고 할 수 없는 것과 같은 이치이다. 따라서 건축구조물의 연성거동은 보와 기둥의 접합부를 충분히 강하게 만들지 않고서는 절대로 달성할 수 없는 것임을 알아야 한다.

건축구조물이 손상되지 않고서 지진에 견디도록 하려면, 피라미드처럼 아주 높은 강함을 갖도록 설계하거나, 기계적인 장치를 통하여 건물로 전달되는 지진력(地震力, seismic force)을 감소시키거나, 지진으로 인한 변형의 크기를 억제할 수 있어야 한다. 그러나 피라미드와 같이 사용 가능한 내부면적에 비하여 필요 이상의 큰 강도를 갖는다는 것은 비효율·비경제적인 건물을 의미하며, 기계적인 장치를 사용한다는 것은 초기비용의 증가를 가져올 뿐만 아니라 그런 장치들에 대한 신뢰성의 문제가 제기될 수 있다. 따라서 내진설계철학이 요구하는 지진을 견디기에 가장 안전하고 경제적인 방법을 결정한다는 것은 이에 대한 어떤 절대적인 해답이 있다기보다는 건축주와 설계자가 가지고 있는 가치관과 신념의 문제라고 할 수 있다. 마치 어느 길로 산의 정상에 오르는 것이 이 계절의 정취를 즐기기에 가장 적절한 길인가를 결정하는 등산객처럼.

안전한 구조물을 세우기 위한 설계기준

> 설계기준은 건축구조물의 보유능력이 요구량보다 크게 되도록 하기 위하여, 그럼으로써 안전한 구조물이 되기 위한 여러 가지 규정들을 모아놓은 것이다. 물론 보유능력과 요구량을 어떻게 계산할 것인지에 대한 방법도 포함하고 있다.

언젠가 미국인 친구 한 사람이 쌀을 어떻게 조리하는지 물어왔다. '쌀을 조리하는 법이라.' 밥 짓는 것도 조리라고 해야 하나? 그냥 하면 되는 거지'라고 그 질문 자체를 몹시 신기하게 생각하며 이렇게 대답했다. "쌀을 씻어서 냄비에 넣은 후 물을 붓고 끓이면 돼요." 마치 '그건 상식이잖아요' 라는 듯 말하는 내 생각을 간파했는지 그는 질문을 쏟아놓았다. "쌀을 씻으면 쌀 봉투에 적힌 성분 중 하나인 녹말가루가 씻겨나가는 것 아닌가요?" 실제로 그가 보여 주는 쌀 봉투에 적힌 성분표시에는 '쌀' 과 '녹말가루' 가 선명하게 인쇄돼 있었다. "씻어낼 것이라면 제조회사는 왜 녹말가루를 넣었을까요?" "쌀과 물은 사람 수에 따라 각각 얼마만큼씩 넣어야 하나요?" "어느 정도 세기의 불에서 얼마나 오래 끓여야 하지요?" "불의 세기는 어떻게 조절해야 하나요?" 그 동안 상식이라고만 생각하던 밥 짓는 일이 왜 이다지도 복잡한지. 물론 그가 던진 질문들에 대하여 제대로 된 답을 하나도 못하였다.

쌀 못지않게 모든 사람들이 당연하게 조리할 수 있을 것이라고 생각하는 음식이 라면이다. 그나마 라면은 쌀보다는 사정이 낫다. 라면봉지 뒷면을 읽어보면, 먼저 냄비에 물을 두 컵 반 정도 부어 끓인 후 라면과 스프를 넣어 3분 정도 더 끓이고 파나 계란을 넣어 먹으라고 하는 간단하나마 조리법이 쓰여 있으니까. 이 조리법을 따르면 누구든지 라면을 끓일 수 있을 것으로 기대할 수 있다. 요리책은 바로 여러 음식에 대한 이러한 조리법들을 모아놓은 책이다. 그래서 음식 만드는 방법에 대하여 잘 모르더라도 요리책을 참고하면 맛이 있고 없고를 떠나 어떤 음식이든지 요리할 수 있다. 적어도 먹을 만한 음식이 될 것을 기대하면서 말이다. 이렇게 요리책은 음식 만드는 것을 배우는 사람들에게 매우 유용할 뿐만 아니라 누가 음식을 만들든지 상관없이 같은 요리책을 따라 요리하면 비슷한 맛을 낼 수 있도록 한다.

음식을 만들 때뿐만 아니라 무엇을 만들거나 무슨 일을 할 때에도 안내서가 있으면 참 편리하다. 안내서는 무엇인가를 만드는 법을 처음부터 배우기 위하여도 필요하지만 언제 어디서 누가 그것을 만들든지 일정한 수준의 품질을 유지하기 위해서도 필요하다. 건축구조물을 설계하고 지을 때에도 요리책과 같은 그런 안내서가 있다. 설계기준이 바로 그것이다. 설계기준은 건축구조물의 보유능력이 요구량보다 크게 되도록 하기 위하여, 그럼으로써 안전한 구조물이 되기 위한 여러 가지 규정들을 모아놓은 것이다. 물론 보유능력과 요구량을 어떻게 계산할 것인지에 대한 방법도 포함하고 있다. 여기서 요구량은 건물에 부여된 기능 때문에 건축구조물에 작용하는 각종 하중효과를 말한다.

건축물에 부여된 기능에 대하여 조금 더 생각해보도록 하자. 누군가 어떤 건축물을 지어야겠다는 생각을 마음에 품은 사람이 있다고 하면, 그 사람은 건축주, 즉 지어질 건물의 주인이다. 일반적으로 건축주는 건축가나 엔지니어가 아니다. 언제, 어느 곳에, 어떤 건물을 지을 것인가를 결정하는 사람은 엔지니어나 건축가가 아니라 바로 건축주이다. 건축주가 건설에 필요한 자금을 마련한 후 건축가와 엔지니어에게 건축구조물을 설계하도록 의뢰함으로써 설계가 시작된다. 따라서 설계될 건물의 용도는 건축주의 뜻에 따라 결정되는 것이다. 학교, 병원, 백화점, 공장 등 건축주가 생각하는 건물의 용도가 바로 건축구조물에 부여된 기능이 되고, 건축가와 엔지니어는 건축물의 용도에 따라 건축주가 부여한 기능을 발휘하도록 건축구조물을 설계하여야 한다.

건축물의 용도가 다르면 그 용도 때문에 작용하는 하중도 달라진다. 이런 하중을 활하중 또는 적재하중이라고 한다. 설계기준에는 주택, 사무실, 학교, 병원, 도서관, 회의장, 체육관, 공연장 등 다양한 건물의 용도에 따라 설계할 때 고려하여야 할 적재하중이 명기되어 있다. 만일 이런 하중이 설계기준에 명기되어 있지 않다면 설계하는 사람의 생각이나 경험에 따라 동일한 용도의 건물에도 설계자마다 제각각 서로 다른 하중을 적용하여 설계할 가능성이 무척 높게 된다. 이렇게 되면 동일한 용도임에도 불구하고 설계할 당시 설계자의 생각에 따라 건물마다 확보된 안전율이 제각각이 되어 사회적으로 큰 혼란이 올 수도 있다.

같은 용도의 건물마다 적용한 활하중의 크기가 다르다고 하여 사회적인 혼란까지야 올 리가 있겠는가라는 의문이 든다면 다음과 같은 경우를 생각해보도록 하자. 만일 큰 활하중을 적용하여 설계된 아파트에 살던 어떤 가정이 그보다 훨씬 작은 활하중을 적용하여 설계된 다른 아파트로 이사하게 되었다고 하자. 이 가정은 전에 살던 아파트에서 많은 살림을 갖추고 살았었는데 이사하게 되는 새로운 아파트에서는 그만한 양의 살림과 짐을 수용할 수 없다면 어떻게 될까? 살림과 짐을 줄여서 이사하거나 아니면 '이제까지 아무 일도 없었는데' 하며 안전에 대한 경고를 무시하고 이사를 강행하거나 전에 살던 아파트와 비슷한 활하중을 적용하여 설계된 다른 아파트를 찾아야 하는 세 가지 경우를 생각할 수 있지 않을까? 그러나 이 세 가지 경우에 모두 어딘가 이상하지 않은가? 특히 아파트마다 살림과 짐의 무게를 제한하는 경고가 붙는다는 것도 자연스럽지 않게 느껴진다. 이런 일이 실제로 일어난다면 사회적으로 혼란스럽기에 충분치 않을까? 이에 비하여 건축물의 용도에 따라 설계자가 지켜야 할 최소한의 설계하중을 미리 명기해 놓는다면 세상이 얼마나 안전하고 편리할까? 이렇게 되면 누가 건축물을 설계하든 관계없이 적어도 일정한 수준의 품질과 안전이 보장될 수 있지 않겠는가? 다행히 이것이 우리가 살고 있는 현재의 세상이다. 설계기준에 최소한의 설계하중을 명기하는 것은 바로 품질과 안전을 일정한 수준으로 유지하기 위한 조치이다.

건축구조물에 작용하는 하중에는 적재하중처럼 건축물의 용도에 따라 결정되기보다는 단지 존재한다는 이유만으로 건축구조물에 작용하는 하중도 있다. 이런 하중에는 고정하중, 눈하중, 바람하중 및 지진하중이 있다. 고정하중은 건축물 자신의 무게이고 건축물의 존재 그 자체이다. 따라서 고정하중은 건축물을 짓기 위하여 사용한 각각의 재료와 양을 알면 누가 계산하더라도 비슷하고 비교적 정확하게 계산할 수 있다. 그러므로 고정하중에 대하여 설계기준은 각 재료에 대한 단위부피당 무게나 단위면적당 일정한 두께에 대한 무게만을 안내하고 있을 따름이다. 눈 하중은 눈이 많이 내리는 지역에 건축물을 지을 경우에는 반드시 고려하여야 하는 하중이다. 눈 하중은 적재하중과 비슷하지만 겨울에만 영향을 미치고, 지붕에만 쌓여 하중을 작용시키고, 바람이 불면 불균등하게 분포될 수 있다는 점이 다르다. 바람하중은 고정하중, 적재하중, 눈 하중과는 달리 건축물의 표면에 작용하여 건축물을 수평으로 밀려고 한다. 건축물의 지어진 위치가 바닷가처럼 강풍이 불어오는 곳이거나, 주변에 바람의 진행을 늦출 수 있는 방풍림과 같은 방해물이 없거나, 바람을 맞는 건물의 표면적이 넓거나, 고층건물이라면, 바람하중에 의한 하중효과를 심각하게 고려하여야 한다. 바람하중은 그 지역에서 관측된 최대 풍속을 토대로 공기역학적 해석을 통하여 결정된다. 마지막으로 지진하중은 매우 독특한 하중이다. 지진하중은 다른 하중들처럼 명백한 힘의 형태로 작용하는 것이 아니라 건물의 질량을 지진에 의한 가속도로 진동시킴으로써 발생한 힘이 하중으로서 건물에 작용하는 것이다. 또한 지진하중은 다른 하중들처럼 일정한 방향으로 연속적으로 작용하지 않고 매우 짧은 시간을 주기로 방향을 바꾸며 반복하여 작용한다. 그리고 지진하중이 건물에 영향을 미치는 시간도 대개는 불과 수십 초에서 수 분 동안이다. 그러므로 지진 앞에 선 건물의 존폐여부는 짧게는 수십 초에서 길게는 수 분 안에 결정된다.

건축구조물은 사람들이 삶을 살아가는 공간이기 때문에 복잡하지만 안전과 직결된 하중효과를 가급적이면 신뢰성 있게 고려하는 것이 매우 중요하다. 그런데 문제는 고정하중을 제외하고서는 이런 여러 가지 하중들이 하나같이 불확실하다는 것이다. 즉 고정하중의 경우에는 구조부재의 치수를 알면 사용된 재료의 부피를 구할 수 있고 부피를 알면 무게를 구할 수 있지만, 다른 하중의 경우에는 하중의 크기를 정확하게 파악하는 것이 말처럼 쉽지 않다. 활하중은 용도에 따라 다를 뿐만 아니라 움직이거나 움직여질 수 있는 하중이기 때문에 있다가도 없어지기도 하고 없다가도 생길 수 있다. 눈 하중을 알기 위해서는 눈이 얼마나 올 것인가를 알아야 하는데 내리는 눈의 양을 어떻게 정확하게 예측할 수 있겠는가? 바람하중을 알기 위해서 바람이 어느 방향으로 어느 정도의 세기로 불어올지 어떻게 정확하게 알 수 있겠는가? 눈하중이나 바람하중은 그나마 과거의 경험으로부터 언제쯤 가장 심할지 정도는 알 수 있지만, 지진은 그야말로 모든 것이 예측불허이다. 지진이 언제 어느 방향으로 어느 세기로 올 지 아무도 알 수 없다. 다만 분명한 것은 언젠가는 올 수 있다는 것뿐이다.

보유능력은 건물에 작용하는 각종 하중에 의하여 발생한 힘에 견디고 저항하며, 궁극적으로는 그 힘을 지반으로 전달하여 건축구조물에 주어진 기능을 안전하게 수행하도록 하는 능력이라고 할 수 있다. 건축구조물의 보유능

건축구조물을 설계하고 지을 때에도 요리책과 같은 그런 안내서가 있다. 설계기준이 바로 그것이다.

력은 건물뼈대를 구성하는 각종 구조부재의 치수와 재료 그리고 접합방법에 의하여 계산된다. 설계기준에는 기둥, 보, 슬랩, 기초 등 구조부재의 보유능력을 어떻게 계산할 수 있는지 그 방법이 자세히 제시되어 있다. 보유능력의 계산방법은 설계기준을 제정(또는 개정)할 당시까지 보고된 실험결과와 개발된 엔지니어링 이론을 근거로 일부 학자와 엔지니어로 구성된 위원회에서 선정한 후 의견수렴을 통하여 확정된다. 그리고 실무엔지니어의 경험과 새로운 엔지니어링 이론 및 새로운 실험결과를 반영하기 위하여 설계기준은 주기적으로 개정된다. 그러므로 설계기준은 당대의 지식수준에서 안전성과 경제성 그리고 실용성을 고려하여 정해진 최소한의 요건(最少要件, minimum requirement)이지 절대로 절대적인 기준이 아님을 알아야 한다. 즉 납득할 만한 분명한 이유가 있다면 엔지니어의 판단에 의하여 설계기준을 초과하는 보유능력을 구조물에 부여할 수 있는 것이다.

구조설계란 이렇게 각각 계산된 보유능력과 요구량을 비교하여 보유능력이 요구량보다 크도록 조정하는 과정이다. 요구량과 보유능력은 앞서 언급하였듯이 그 태생이 다르다. 즉 요구량은 건축구조물에 작용하는 하중에 의한 것인 반면, 보유능력은 구조물을 구성하는 재료와 치수에 의한 것이다. 태생이 서로 다른 요구량과 보유능력의 크기를 객관적으로 비교하려면 이들의 물리량을 같은 종류로 통일하여야 한다. 마치 서로 다른 언어를 모국어로 사용하는 사람들이 대화하려면 언어를 통일하거나 통역이 있어야 함과 같다. 요구량과 보유능력에 있어서 통일된 언어 또는 통역에 해당하는 물리량에는 모멘트, 전단력, 축력 그리고 이들의 단위면적 당 분포인 응력이 있으며, 이들 힘의 작용 결과 발생하는 구조부재의 변형량이 있다. 이와 같이 작용하는 하중에 의하여 존재하는 것이 분명하다고 여겨지지만 눈에 보이지 않는 구조물 내의 힘의 흐름을 우리가 알 수 있는 구체적인 물리량으로 나타내는 과정을 구조해석(構造解析, structural analysis)이라고 한다.

그렇다면 설계기준에 따라 설계된 건축구조물은 지진에 대한 안전성이 보장된 것일까? 이 질문에 대한 답을 얻기 위하여 다시 요리책 이야기로 돌아가 보자. 그렇다면 요리책에 따라 조리된 음식은 그 맛이 보장된 것일까? 여기서 초점은 '그 맛'에 있다. 만일 '그 맛'이 모든 사람들의 입맛이라면 이 질문에 대한 대답은 '아니요'일 수밖에 없다. 아무리 훌륭한 음식이라도 입맛이 각각인 모든 사람들의 입맛을 맞출 수는 없는 것이기 때문이다. 마찬가지로 설계기준에 따라 설계된 건축구조물이 세워진 지역에 설계기준에서 가정한 정도의 세기 이하의 지진만 발생하라는 법은 없다. 뿐만 아니라 설계 시 구조물로 하여금 설계기준의 지진력 산정의 근간이 되는 연성(延性, ductility)을 갖추도록 하는 내진상세에 대한 조치가 만족할 만한지가 분명치 않다. 나아가 현재로서는 엔지니어링의 한계라고 할 수 있지만 요구량의 계산을 위하여 구조해석은 탄성을 가정하여 수행하고 구조부재는 재료의 소성영역까지 이용하여 설계한다. 물론 이를 위하여 탄성해석결과를 소성해석에 준하는 요구량으로 치환하는 과정을 밟지만, 이는 다시 구조부재의 연성능력과 관계된다. 아울러 내진설계 전 과정은 건축구조물의 파괴 메커니즘의 이해에 근거하여야 하는데 이는 내진설계철학의 문제인 동시에 설계엔지니어의 능력에 대한 문제이다.

  사실 엄밀히 말하면 설계기준에 따라 설계된 건축구조물의 지진에 대한 거동은 실제로 지진을 경험해 보아야 알 수 있는 문제이다. 마치 자녀를 훌륭한 사람으로 키우기 위하여 자녀를 정석대로 양육하였다고 하여 자녀가 부모의 기대한 바와 같이 되리라는 보장은 없는 것처럼.

응답스펙트럼

지진에 대한 건축구조물의 응답을 구하려면 원칙적으로 운동방정식을 풀어야 하는데, 이는 시간에 대한 2차 미분방정식으로서 많은 노력을 필요로 한다. 그러나 설계를 위하여 최대응답만이 필요하다면, 굳이 복잡한 풀이과정을 거치지 않고서도 최대응답을 구할 수 있는 방법은 없는 것일까? 에 대한 대답이 바로 응답스펙트럼이다.

 스펙트럼(spectrum)은 연속된 범위를 의미하는 것으로 빛을 일곱 빛깔 무지개로 펼쳐놓은 것을 연상케 한다. 즉 빛이 삼각프리즘을 통과하면 파장이 서로 다른 빛의 성분들이 굴절률을 달리하여 펼쳐진 아름다운 색깔들을 보게 된다. 이렇게 스펙트럼은 어떤 변수의 크기에 따라 연속된 범위에 펼쳐놓은 각 변수의 크기에 대응하는 값의 분포라고 할 수 있다. 즉 변수와 값의 짝(couple)을 도표로 나타내어 볼 수 있도록 한 모든 것은 스펙트럼이라고 할 수 있다.

 건축구조물이 지진에 의하여 진동하면, 건축구조물에는 힘과 변형이 발생하며, 이를 지진에 대한 건축구조물의 반응 또는 응답(應答, response)이라고 한다. 아울러 지진에 대한 건축구조물의 응답은 건축구조물이 기능을 다하며 안전하게 서 있기 위하여 극복하여야 할 요구량이라고 할 수 있다. 구조물이 안전하려면 구조물의 보유능력이 요구량을 초과하여야 한다.

 지진의 원인은 확실하게 알려지지 않았지만 땅속에서 갑자기 발생하는 진동이다. 땅이 진동하니 땅을 딛고 서 있는 건물도 자연히 진동하게 된다. 이런 현상을 지진력이 건물에 전달된다고 표현한다. 진동은 마치 삼각함수의 싸인(sine)이나 코싸인(cosine) 곡선처럼 방향을 바꾸어가며 물결치듯이 일정시간 계속된다. 그렇다고 지진에 의한 진동이 싸인이나 코싸인 곡선과 같이 단순하다는 것은 아니다. 지진에 의한 진동은 이보다 훨씬 복잡하고 변화무쌍하다. 우리 주변에서 찾아볼 수 있는 진동의 예로는 시계추가 왔다 갔다 하는 것이라든지, 빳빳한 자의 한 끝을 책상모서리에 대고 손바닥으로 누른 후 허공으로 튀어나온 끝부분을 살짝 눌렀다가 놓으면 자가 파르르 떠는 모습이라든지, 자동차의 엔진이 냉각된 상태에서 시동을 걸었을 때 한동안 느껴지는 손잡이나 차체의 떨림 등을 들 수 있다.

진동한다는 것은 주기가 있다는 것이고, 주기가 있다는 것은 주파수가 있다는 것을 의미한다. 여기서 주기는 진동의 한 사이클 동안 걸리는 시간이고, 주파수는 1초 동안에 진동하는 사이클 수이다. 주기의 단위는 초(秒 second)이고, 주파수의 단위는 헤르츠(Hz)이다. 따라서 지진에 의하여 건물이 진동하는 동안, 지진에 의한 힘은 매우 빈번하게 방향과 크기를 바꾸어가며 건축구조물에 반복적으로 작용하게 되고, 구조물에는 그에 상응하는 변형이 발생한다.

일반적으로 지진에는 크고 작은 여러 성분의 주파수가 혼합되어 있으며, 대개는 건축구조물을 받치고 있는 지반특성에 의하여 일정한 부분의 주파수의 성분이 걸러진 후 진폭이 증폭되거나 축소되어 건물에 전달된다. 이때 지진의 진동을 지배하는 주파수와 건축구조물을 지배하는 주파수가 일치하거나 가까우면 지진에 대한 건축구조물의 반응이 증폭되어 건축구조물은 큰 피해를 입을 수도 있다.

구조물은 스프링의 특성을 고스란히 가지고 있다. 스프링의 특성이란 힘이 가해지면 변형하고 힘이 제거되면 원래의 모습을 회복하는 것이며, 질량과 함께 구조물의 고유주기(固有週期, natural period)나 고유주파수(固有周波數, natural frequency)를 결정한다. 고유주기는 말 그대로 개개의 구조물에 따라 고유한 진동주기로서 이론적으로는 구조물을 잡아당겼다가 놓거나 충격을 주었을 때 진동하는 주기이다. 고유주파수는 이때의 주파수로서 고유주기의 역(逆, inverse)이다. 예를 들어 고유주기가 0.2초인 구조물의 고유주파수는 5Hz이다.

지진에 대한 건축구조물의 응답은 구조물에 발생한 힘이나 변형의 크기와 방향이 시시각각으로 변화하는 것을 나타낸 것이다. 이를 시각화 하면, 일반적으로 X축을 시간으로 하고 Y축을 힘이나 변형의 크기로 하여 X-Y 그래프로 나타내며, 그 생김새는 병원에서 환자들의 심장박동을 시각화 하여 보여주는 심전도(心電圖, cardiogram)와 비슷하다.

뉴턴(Newton)의 제2법칙에 의하면 힘은 질량과 가속도의 곱이라고 할 수 있다. 지진에 의한 진동은 가속도, 속도, 변위의 세 가지 성분으로 나타낼 수 있으며, 이 세 가지 성분은 수학의 미분과 적분의 관계로 서로 연결되어 있다. 결국 진동이라는 한 가지 현상을 가속도, 속도, 변위의 세 가지 다른 물리량으로 표현하는 셈이다. 뉴턴의 법칙대로라면 건축구조물의 질량에 지반가속도를 곱하면 지진에 의하여 구조물에 발생하는 힘을 계산할 수 있을 것 같지만, 실제는 상당히 달라질 수 있으므로 주의를 요한다.

왜 질량과 지반가속도의 곱을 구조물에 발생하는 직접적인 힘으로 간주할 수 없는지에 대한 이유를 세 가지로 생각할 수 있다. 첫째는 건축구조물의 고유주기 또는 고유주파수가 지진을 지배하는 진동주기 또는 주파수와 일치하거나 가깝게 되면 공진(共振, resonance)으로 인하여 건물질량에 작용하는 가속도의 영향이 증폭될 수 있기 때문이다. 둘째는 건물에는 질량이 한 곳에 모여 있는 것이 아니라 각층으로 분산되어 있으므로 각층에 작용하는 가속도의 크기와 방향이 동일하지 않을 수 있으며, 이에 따라 각층에 작용하는 힘의 크기와 방향이 서로 다를 수 있기 때문이다. 즉 각층의 힘이 순간적으로 한꺼번에 합쳐지거나 서로 상쇄될 수 있기 때문이다. 셋째는 지반가속도의

건축구조물이 지진에 의하여 진동하면, 건축구조물에는 힘과 변형이 발생하며, 이를 지진에 대한 건축구조물의 반응 또는 응답이라고 한다

크기와 방향이 너무나 순식간에 변할 수 있기 때문이다. 즉 이론적으로는 가속도에 의하여 아무리 큰 힘이 발생할 수 있다고 하더라도 이 힘이 작용하는 시간은 하나의 찰나(刹那, instant)이기 때문에 힘이 건축구조물에 영향을 미치려고 하는 순간에 힘의 방향이 반대로 바뀐다면 실제로는 건축구조물에 심각한 영향을 줄 수 있는 시간적 여유가 없기 때문이다. 마치 헤비급 권투선수의 주먹이라도 상대를 가격하는 순간 경기종료를 알리는 종이 울려 주먹을 거두어들이는 것과 같다.

그러므로 지진에 대한 건축구조물의 응답 중 구조물에 발생한 힘은 질량과 가속도의 곱에 의하여 계산하지 않고, 변형과 스프링상수, 즉 구조물의 강도(剛度, stiffness)의 곱에 의하여 계산된다. 이렇게 계산된 힘은 지반가속도와는 더 이상 직접적으로 관련되지 않으며, 구조물의 강도 및 변형과 관계된다. 이렇게 하여 지진에 대한 응답으로서 건축구조물에 발생한 힘과 변형은 구조물의 강도를 매개로 하여 서로 직접적인 관계가 있는 물리량이 된다.

여기서 스프링, 즉 구조물의 변형에 의하여 계산된 이 힘을 다시 질량과 가속도의 곱으로 나타내면, 지반 가속도와는 직접적인 관계가 없는 새로운 가속도인 유사가속도(類似加速度, pseudo-acceleration)가 탄생하게 된다. 즉 구조물의 변형에 의한 힘을 건물의 질량으로 나누면, 유사가속도가 계산된다. 그러므로 유사가속도와 건물의 질량을 곱하면 지진에 의한 변형과 건물의 강도를 곱한 것과 동일한 결과를 얻게 된다.

지진에 의하여 건축구조물이 진동하면 지진이 작용하는 동안 시시각각으로 무수히 많은 구조물의 응답이 발생하지만, 실제로 설계에 사용되는 것은 가장 불리한 값이며, 이는 일반적으로 절댓값이 가장 큰 것이 된다. 지진에 대한 건축구조물의 응답을 구하려면 원칙적으로 운동방정식(運動方程式, equation of motion)을 풀어야 하는데, 이는 시간에 대한 2차 미분방정식으로서 많은 노력을 필요로 한다. 그러나 설계를 위하여 최대응답만이 필요하다면, 굳이 복잡한 풀이과정을 거치지 않고서도 최대응답을 구할 수 있는 방법은 없는 것일까?

이에 대한 대답이 바로 응답스펙트럼(應答스펙트럼, response spectrum)이다. 응답스펙트럼은 단자유도계(單自由度界, single degree of freedom system)의 고유주기, 감쇄비(減殺比, damping ratio) 및 지반상태에 따라 최대응답을 구하여 X축에는 고유주기나 고유주파수, Y축에는 최대응답, 즉 유사가속도, 유사속도 또는 변형 등을 일정한 영역의 고유주기나 고유주파수에 걸쳐서 표기한 것이다. 여기서 응답스펙트럼 위의 한 점은 하나의 고유주기에 대한 운동방정식의 해이다. 이렇게 구한 응답스펙트럼은 이미 발생하였던 특정한 지진기록에 대한 운동방정식의 해이므로 대표성이 없을 뿐만 아니라 다른 지진기록이나 앞으로 닥쳐올 미지의 지진에 대하여 동일한 최대응답을 주리라는 보장이 없다. 그러므로 응답스펙트럼은 여러 개의 지진기록에 대하여 구한 운동방정식 해의 평균을 취하여 구한 대략(大略,

approximation)의 값이다. 즉 고유주기의 작은 변화에도 스펙트럼 값이 들쭉날쭉 톱니모양으로 변화하기 때문에 국부적으로는 고유주기의 변화에 따르는 일관된 원칙을 찾기 힘들지만, 전체적으로는 고유주기의 길어지고 짧아짐에 대한 변화의 원칙을 대략적으로 찾을 수 있다. 설계실무를 위하여 들쭉날쭉한 응답스펙트럼을 다시 완만하게 만든 것을 설계스펙트럼(design spectrum)이라고 하고 각국의 설계기준에서 사용하고 있다.

설계스펙트럼은 다자유도계인 건축구조물의 응답을 단자유도계의 해를 이용하여 구하려는 것이고, 만들어지는 과정에서 많은 가정과 대략의 과정을 거치기 때문에 실제 건축구조물의 응답과는 상당한 차이가 있을 수 있다. 하지만 미지의 지진하중을 일반화하여 설계과정을 간편하게 하였다는 데에 의미를 둘 수 있으며, 이를 대체할 만한 방법이 달리 없으므로 오늘날 널리 사용되고 있다.

비구조재도 내진설계를 해야 하나?

지진에 의하여 비구조재 자체가 파괴되는 것도 물론 손실이지만 비구조재의 파괴로 말미암아 생겨나는 결과가 건축물 사용자들에게 미치는 영향이 너무나도 엄청날 수 있다.

「우리말 사전」을 보면 접두사 비(非, non-)는 어떤 말의 머리에 붙어서 부정(否定, denial)의 뜻을 나타내는 말로 사용된다. 이렇게 만들어진 말의 보기를 들자면 비인간적, 비이성적, 비논리적, 비애국적, 비위생적, 비금속, 비주류 등 얼마든지 있다. 이 모두가 '비-' 뒤에 이어지는 것은 아니라는 뜻이다. 따라서 비구조재라 함은 구조재가 아니라는 것이다. 그러니 비구조재가 무엇인지 알기 위해서는 구조재가 어떤 것인지 아는 것으로 충분하다. 구조재는 구조부재를 줄인 말로서 보, 기둥, 벽체, 기초, 슬랩 등 건축구조물을 구성하는 요소들을 일컫는다. 이들 구조부재는 건축구조물이 그 형상을 유지할 수 있도록 하며, 건물의 기능상 작용하는 여러 가지 하중을 지반으로 안전하게 전달하여 준다. 한마디로 구조부재는 건축구조물에 있어서 힘이 흐르는 길로서 우리 몸의 뼈대와 같은 역할을 하는 아주 중요한 요소이다.

옛날에는 건물의 대부분을 뼈대가 차지하고 있었기 때문에 건물을 짓는 비용도 대부분 뼈대를 만드는 일에 사용되었다. 특히 규모가 크고 웅장하며 견고한 건축물을 만들기 위해서는 당시 최고의 기술을 사용하여야 했기 때문에 국가적인 관심도 기울여졌다. 그러나 오늘날에는 과학이 발달하고 기술이 표준화 되어 어지간한 규모의 건물을 짓는 능력은 당연한 것으로까지 여기게 되었고, 따라서 건물의 뼈대에 기울이는 관심도 과거와 같이 크지 않게 되었다. 오히려 생활수준이 높아지면서 뼈대를 감싸는 여러 가지 마감재를 비롯한 비구조재가 이제는 더 이상 '별로 중요하지 않은 것'이 아니라 쾌적한 생활과 건물의 가치를 결정하는 '중요한 것'이 되었다. 이를 반영하듯 이제는 건물을 짓는 비용 중에서 비구조재가 차지하는 부분이 뼈대가 차지하는 부분을 능가하게 될 정도가 되었다.

이렇게 중요하게 된 비구조재에는 천장, 천장에 붙은 전등이나 조명기구, 선반을 포함한 각종 가구, 가전제품, 문과 창문, 칸막이벽, 상?하수도관을 비롯한 각종 파이프라인, 보일러, 물탱크, 기계, 전기설비 등 구조부재에 붙어 있거나 구조부재 위에 놓여 있는 모든 것이 포함된다. 하지만 이런 것들 하나하나도 각각의 형태가 있고 기능상 발생하는 힘을 구조부재로 전달하기 때문에 엄밀히 말하자면 구조물로서 취급될 수 있는 것들이지만, 건축물의 하중 전달경로에는 직접적으로 참여하지 않기 때문에 비구조재라는 것이다.

그렇다면 건물에 작용하는 힘에 저항하지도 않는 비구조재를 굳이 내진설계에 고려하여야 하는 이유는 무엇인가? 그것은 지진에 의하여 비구조재 자체가 파괴되는 것도 물론 손실이지만 비구조재의 파괴로 말미암아 생겨나는 결과가 건축물 사용자들에게 미치는 영향이 너무나도 엄청날 수 있기 때문이다. 그러나 다행히 비구조재를 설계할 때에(또는 설치할 때에) 조금만 주의를 기울이면 건축구조물이 붕괴되지 않는 한 비구조재의 파괴로 말미암은 피해를 최소화 할 수 있다. 지진에 효율적으로 대비하기 위해서는 건축구조물과 마찬가지로 비구조재의 얼개를 이해하는 것이 중요하다. 특히 비구조재가 어떤 방식으로 구조부재에 부착되는지 또는 구조부재 위에 어떻게 놓이는지를 아는 것이 중요하다. 그래야 진동으로 말미암아 비구조재가 손상될 수 있는 여러 가지 경우를 생각해보고 그에 대비할 수 있기 때문이다. 지진이 건축구조물을 진동시키면, 건축구조물은 다시 비구조재를 진동시킨다. 이는 비구조재가 건축물을 매개로 하여 전달된, 즉 건물에 의하여 걸러진 지진의 진동에 의하여 진동하는 것을 뜻한다.

지진의 진동은 빛이나 소리와 마찬가지로 파동(波動, wave)의 일종으로 간주된다. 어떤 매질을 통과한 파동에는 그 매질이 가지고 있는 특성만 남고 나머지 특성은 매질에 흡수되어 없어진다. 마치 파란색 안경을 쓰면 세상이 온통 푸르게 보이는 것과 같다. 따라서 '건물에 의하여 걸러진 지진의 진동'이라는 것은 건축구조물로 흘러들어온 지진파가 건물의 동적특성을 띤 파동이 되어 비구조재에 전달됨을 말하는 것이다. 즉 비구조재에 있어서 건물은 마치 건물에 있어서 지반과 같은 역할을 하게 된다. 지진파에 의한 건물의 진동이 비구조재에 전달되면 비구조재의 질량과 가속도에 의하여 발생한 힘이 비구조재에 작용하는 동시에 비구조재가 부착된 인접한 구조부재들 사이의 상대적인 변형으로 인하여 비구조재에 추가적인 힘이 작용하게 된다.

이 말을 이해하기 위해서는 비구조재의 형상과 비구조재가 구조물에 어떻게 부착되는지를 먼저 생각하여야 한다. 비구조재에 따라서는 가구처럼 건물바닥 위에 단순히 올려놓는 것도 있고, 액자처럼 벽에 걸어놓는 것도 있고, 기계처럼 앵커볼트를 사용하여 건물바닥에 부착시키는 것도 있다. 그러나 상하수도관과 같은 파이프라인은 다른 비구조재와는 구별되는 독특한 특성이 있다. 즉 대부분의 비구조재는 단일한 개체로서 존재하지만 파이프라인은 연속되어 있다. 그래서 하나의 구조부재에 놓이거나 부착되는 일반적인 비구조재와는 달리 파이프라인은 건물 내 여러 구조부재에 걸쳐서 부착된다. 건물 안 여기저기에 걸쳐 분포된 상?하수도관이나 소방용 스프링클러, 가스관을 생각해보라. 이들은 수평으로 다니기도 하고 수직으로 오르거나 내려가기도 한다.

이들 파이프라인들은 건물 밖에서는 땅속을 관통하며 다니다가 건물 안으로 들어오면 기둥이나 벽, 슬랩 등 건축구조물의 여러 구조부재에 부착된다. 지진이 발생하였을 때 건물과 지반이 똑같이 움직이면서 진동하지 않는 한, 건물과 지반 사이에는 상대적인 변형 즉 움직임의 차이가 생기기 마련이고, 이 변형은 건물과 지반의 경계면 밖으로부터 건물 안으로 들어오는 파이프라인을 변형시키게 된다. 건물 안에서도 지진의 진동으로 인하여 건축구조물이 변형하면 이웃하는 여러 구조부재들이 변형하는 크기와 방향이 층마다 다를 수 있기 때문에 상하로 이웃하거나 서로 수직으로 연결된 구조부재들 사이에는 움직임의 차이, 즉 상대적인 변형이 생기게 된다. 따라서 이들 구조부재에 부착된 각각의 파이프라인에는 그 변형이 고스란히 전달된다. 즉 파이프라인이 부착된 구조부재들이 각 부착지점에서 파이프라인을 꽉 붙잡고 함께 변형하기 때문이다.

그런데 이때 문제가 되는 것은 구조부재들 사이의 움직임의 차이로 인하여 파이프라인으로 전달된 변형을 과연 파이프라인이 견딜 수 있느냐이다. 일반적으로 파이프라인은 금속성이고 지름과 두께가 작고 얇기 때문에 이들보다 훨씬 커다란 건축물의 구조부새와 비교하면 변형에 대하여 지항하는 강성이 아주 작아서 변형할 수 있는 능력이 크다고 할 수 있다. 즉 구조부재가 견딜 수 있는 정도의 변형이라면 이론상 파이프라인은 이를 넉넉하게 견딜 수 있어야 한다. 그런데 내진설계에서의 변형은 탄성영역을 넘어 건축구조물의 손상을 허용하는 소성영역에 이르는 큰 변형을 의미하는 것이기 때문에 경우에 따라서는 그 변형이 파이프라인이 견딜 수 있는 한계를 넘어설 수도 있다. 여기서 파이프라인이 견딜 수 있는 변형의 한계라 함은 파이프 그 자체의 변형한계라기보다는 파이프와 파이프를 잇는 이음매가 파괴되는 변형의 한계나 구조부재에 파이프라인을 부착시킨 철물이 견딜 수 있는 한계 또는 파이프에 피로를 누적시키는 반복적인 변형의 한계를 뜻한다. 파이프도 일종의 구조체이니 변형이 생긴다는 것은 그 변형을 일으키는 힘이 작용하고 있다는 것을 뜻한다. 그런데 이 힘은 파이프라인의 질량과 가속도에 의한 힘뿐만 아니라 파이프가 부착된 구조부재들 사이의 변형의 차이로 말미암아 발생한 힘을 포함한다. 지진에 대하여 파이프라인이 안전하려면 진동에 의하여 발생한 힘뿐만 아니라 변형에도 견딜 수 있어야 한다.

비구조재에 미치는 지진의 영향을 알려면 진동의 결과 비구조재가 어떻게 될 것인가에 대한 여러 가지 가능한 시나리오를 생각할 수 있어야 한다. 그 후에 각 경우에 대하여 실현가능성이 낮은 것으로부터 높은 것에 이르기까지 순위를 매겨 정리하여야 한다. 물론 이 과정에서 상식, 공학이론, 직관, 실험결과 등의 적절한 근거를 사용하게 된다. 그리고 실현가능성이 높은 경우로부터 그런 시나리오가 발생하지 않도록 대비책을 강구하면 된다. 이것은 꼭 비구조재에만 해당하는 것이라기보다는 내진설계의 일반적인 과정이라고 할 수 있다.

비구조재가 가구(家具, furniture)일 경우에는 대부분 바닥 위에 그냥 올려 놓이게 된다. 지진으로 인하여 건물이 흔들리면 건물바닥은 진동하게 되고, 그 진동은 가구를 진동시킨다. 만일 가구가 무겁고 높이가 낮으면 건물바닥과 가구 사이의 마찰저항으로 인하여 미끄러지지 않고 건물바닥에 붙어서 전후좌우상하로 건물바닥과 함께 움직일 것이다. 만일 가구가 가벼우면 진동에 따라 건물바닥 위를 이리저리 미끄러져 다닐 것이다. 만일 가구가 폭에 비하여 높으면 가구는 미끄러지기보다는 넘어지게 될 것이다. 정리하자면 건물이 지진으로 인하여 흔들릴 때 건물바닥에 단순히 놓여 있는 가구가 겪을 수 있는 경우는 건물바닥과 함께 움직이거나 바닥 위를 미끄러지거나 넘어지게 되는 것뿐이다.

건물바닥에 고정시키는 기계류는 쇠로 만들어져 무겁고 질량이 크다. 이런 기계들은 대개 네 귀퉁이를 앵커볼트로 고정시킨다. 그러나 고정하였다고는 하지만 일반적으로 기계받침에 있는 볼트구멍의 지름은 앵커볼트의 지름

지진에 대하여 파이프라인이 안전하려면 진동에 의하여 발생한 힘뿐만 아니라 변형에도 견딜 수 있어야 한다.

보다 크기 때문에 앵커볼트와 볼트구멍 사이에는 어느 정도의 틈이 있기 마련이다. 지진이 건물을 흔들면 건물바닥이 진동하여 설치된 기계가 흔들리게 된다. 진동초기에는 앵커볼트가 기계받침을 단단히 누르고 있고 기계받침과 콘크리트바닥 사이에는 모르타르(mortar)라고 하는 시멘트접착제가 있기 때문에 기계는 건물바닥에 붙어서 건물바닥과 함께 진동할 것이다. 그러나 기계의 질량과 가속도의 곱에 의한 힘이 커지면 시멘트접착제의 부착이 파괴되어 기계는 앵커볼트와 볼트구멍 사이의 틈이 허용하는 범위에서 건물바닥 위를 미끄러지거나 마찰저항이 크면 넘어지려고 할 것이다. 만일 기계가 넘어지려고 하는 경우가 발생하면 기계는 기울어지면서 한쪽이 들려 오를 것이고 앵커볼트는 들려 오르는 기계받침을 못 올라가게 붙잡게 될 것이다. 진동에 의하여 순식간에 방향이 바뀌어 이번에는 다른 쪽이 들려 오르려고 하면 이번에는 그쪽의 앵커볼트가 기계받침을 붙잡게 된다. 그리고 이런 현상이 반복되는 동안 앵커볼트에는 잡아당기는 힘이 반복적으로 작용하여 앵커볼트가 박힌 바닥콘크리트를 약화시킨다. 최악의 시나리오는 앵커볼트가 끊어지거나 앵커볼트가 묻힌 부분의 바닥콘크리트가 파괴되어 앵커볼트가 뽑히게 되고, 그 결과 기계가 넘어지는 것이다.

보일러나 물탱크, 냉각기 등도 기계류와 마찬가지로 건물바닥에 부착시킨다. 물론 규모가 클 경우에는 건물 밖에 별개로 설치하는 경우도 있다. 특히 보일러나 물탱크는 전체가 쇠로 만들어진 기계류와는 달리 질량의 많은 부분을 탱크속의 액체가 차지하고 있기 때문에 탱크와 액체 사이의 동역학적 상호작용을 고려하여야 하는 복잡한 경우에 속한다.

천장은 건물바닥 아래에 회반죽 플라스터를 발라서 만드는 천장이 있고 천장틀을 짜서 건물바닥 아래에 매다는 천장이 있다. 경우에 따라서는 대형 할인점에서 보듯이 건물바닥 아래를 노출시키고 전기조명등의 설치높이를 조절하여 사람의 시선이 노출된 바닥 아래로는 미치지 않도록 하여 아예 천장을 없앤 구조도 있다. 지진에 의하여 건물이 진동하면 건물바닥의 진동으로 인하여 회반죽 플라스터를 바른 천장은 회반죽 플라스터가 부분적으로 건물바닥으로부터 떨어져 내리는 경우를 생각할 수 있다. 천장틀을 건물바닥 아래에 매단 천장은 바닥의 상하진동으로부터 전달된 천장의 가속도와 질량 때문에 천장에는 상하방향으로 힘이 작용하고, 동시에 천장을 두르고 있는 벽체와 수평으로 부딪히게 된다. 결과적으로 천장을 건물바닥에 고정시킨 철물에는 전후좌우상하 방향으로 힘과 변형이 작용하고, 이러한 힘을 건물바닥에 천장틀을 고정시킨 철물이 견디지 못하면 천장은 건물바닥으로부터 떨어져 내리게 된다. 그 외에 천장은 아니지만 건물바닥에 매달린 전기조명등, 스피커나 빔프로젝터 등의 비구조재도 천장의 경우와 마찬가지로 지진에 의하여 발생 가능한 손상과정을 생각해볼 수 있다.

칸막이벽에는 사무실에서 흔히 볼 수 있는 공간을 반개방식으로 나누는 야트막한 일반적인 칸막이와 커다란 회의장에서 볼 수 있듯이 바닥으로부터 천장까지 막는 폐쇄형 칸막이가 있다. 칸막이벽은 언제든지 사람의 힘으로 이동시킬 수 있고 대개는 밀면 밀리고 넘어지는 가벼운 것들이다. 칸막이벽은 자립하여 서 있거나 이웃하는 벽과 천장에 부착하여 설치한다. 따라서 지진으로 인하여 건물바닥이 진동하면 자립하는 칸막이는 넘어질 수 있으며, 벽과 천장에 부착된 칸막이는 벽과 천장 및 부착철물의 상황에 따라 탈락하여 넘어질 수 있다. 칸막이벽은 가벼워서 질량이 작고 따라서 가속도에 의하여 발생하는 힘이 적기 때문에 칸막이벽 자체가 손상되기보다는 그냥 넘어지기 쉬운 속성이 있다.

조적벽은 벽돌이나 블록을 쌓아 만드는 벽이다. 조적벽은 하중을 지지하는 내력벽으로 사용할 수 있지만, 자신의 무게만 지지하는 칸막이벽으로 사용하기도 한다. 조적벽을 내력벽으로 사용하느냐 또는 칸막이벽으로 사용하느냐에 따라 조적벽을 그 이웃하는 구조부재에 연결하는 상세가 달라진다. 조적벽을 내력벽으로 사용할 때에는 조적벽을 둘러싸는 구조부재에 조적벽을 철물로 연결하고 빈틈없이 붙이지만, 칸막이벽으로 사용할 때에는 조적벽과 이웃하는 구조부재 사이를 군데군데 철물로 연결하여 만일의 경우에도 조적벽이 쓰러지지 않도록 붙잡아 주게만 할 뿐 조적벽과 구조부재 사이에는 틈을 두어 직접적인 힘의 전달이 이루어지지 않도록 한다. 지진이 건물을 진동시키면 조적벽은 무겁기 때문에 질량이 크고 따라서 가속도에 의하여 발생하는 힘이 크게 된다. 또한 조적벽은 강성이 크기 때문에 변형에 대한 저항이 상당히 크고 따라서 크게 변형할 수 없다. 나아가 조적벽은 누르는 압축력에는 강하지만 잡아당기는 인장력에 대하여는 약하기 때문에 변형하기보다는 부서지기가 쉽다. 지진에 의한 진동은 조적벽을 면내방향으로 그리고 동시에 면외방향으로 진동시킨다.

면(面 plane)이라 함은 2차원을 일컫는다. 즉 건물바닥판이나 벽체 등은 모두 2차원인 면부재로서 분류된다. 여기서 면내(面內, in-plane)방향이라는 것은 2차원 안에서 고려하는 방향이고, 면외(面外, out-of-plane)방향이라는 것은 2차원을 벗어난 3차원적 방향을 말하는 것이다. 그러므로 면내방향은 우리가 종이 위에 그릴 수 있는 모든 방향의 선이 가리키는 방향을 뜻하는 것이고, 면외방향은 종이를 연필로 뚫었을 때 연필이 종이 바깥으로 튀어나오는 방향을 뜻한다. 그러므로 면내방향의 진동에 의하여 조적벽에는 경사방향으로 균열이 발생하고, 그러한 균열로 말미암아 약화된 조적벽은 면외방향의 진동에 의하여 넘어지거나 부서지게 되는 것이다.

비구조재는 그 종류가 상당히 많고 그 모든 것의 얼개에 따라 놓여 있거나 부착된 방식을 이렇게 일일이 따져야 한다면 너무 복잡한 일일 텐데 비구조재가 중요하다고는 하지만 과연 이렇게까지 복잡한 일을 하여야 할 가치가 있는 것인지 의문이 들 수 있다. 이러한 의문에 대한 답은 비구조재가 손상되었을 때 어떤 결과가 나타날 수 있는지 가능한 경우들을 생각해 보는 것으로 충분할 것이다. 지진에 의한 비구조재의 손상은 비구조재 자체의 1차적 손상으로만 끝나기보다는 대개의 경우 2차 또는 3차로 그 영향이 확장되는데 문제의 심각성이 있다. 먼저 비구조재의 손상은 그 주변 사람들의 안전을 크게 위협할 수 있다. 천장이 떨어지거나 가구, 칸막이벽이 넘어지게 되면 그 아래 또는 옆에 있는 사람들이 다치게 된다. 조적벽이 탈락하여 건물 밖으로 떨어져 건물 주변을 지나가던 사람들이 맞으면 생명을 잃을 수도 있다. 파이프라인이 손상되면 파이프라인 속에 있던 뜨겁고 높은 압력을 가진 물은 사람들에게 화상을 입힐 수도 있다. 가스관의 손상은 엎친 데 덮친 격으로 자칫 화재를 불러일으킬 수도 있다. 물탱크의 손상은 화재를 진압할 소화용수를 공급할 수조차 없게 할 것이다. 손상되고 탈락돼 떨어져 나뒹구는 비구조재의 잔해는 무엇보다도 이러한 재난에 더하여 지진발생 시 건물 안에 있던 사람들이 건물 밖으로 피난하여 나오는 길을 방해하는 심각한 걸림돌이 될 수 있다. 지진의 진동에 의하여 공포에 질린 사람들이 차례로 줄지어 건물 밖으로 나오는 것은 상상할 수도 없는 일이다. 몰려나오는 사람들이 발로 딛고자 하는 곳마다 수북이 쌓여 있는 비구조재의 잔해를 상상해 보라. 여기에 더하여 소방차와 구급차가 진입하려는 길을 건물 밖으로 떨어져 나간 비구조재의 잔해가 막고 있다면? 이것으로 내진설계 시 왜 비구조재를 고려해야 하는지에 대한 답이 충분하리라고 생각한다. 물론 지진발생 시 이러한 모든 일이 반드시 일어난다는 것은 아니지만, 여건이 조성되면, 즉 비구조재들이 적절하게 설치되어 있지 않을 경우에는 일어날 수도 있다.

비구조재의 내진설계는 지진 시 발생할 수 있는 비구조재의 직접적인 손상이 일어나지 않도록, 아니 적어도 그 가능성을 최소로 하기 위하여 필요하다. 건축구조물은 충분하게 내진설계를 해놓고 설마 하는 마음으로 비구조재를 대충대충 처리한다면 비구조재의 손상으로 인한 피해를 피할 수 없을 것이다. 실제로 1964년 미국 알래스카 지진이 발생하였을 때에 구조물의 붕괴로 인하여 죽거나 다친 사람들보다 비구조재의 손상으로 인하여 죽거나 다친 사람의 수가 훨씬 많았다는 것은 비구조재도 내진설계 대상이어야 할 이유를 분명하게 말해 준다. 진동에 의하여 비구조재에 발생하는 힘은 건물에 비하여 비구조재의 질량이 크지 않기 때문에 대개의 경우 큰 어려움 없이 다스릴 수 있다. 구조부재 사이의 상대변형에 의하여 비구조재에 요구되는 변형은 변형이 크게 예상되는 부분에서 비구조재가 크게 변형할 수 있도록 조치함으로써 다스릴 수 있다. 설계자는 설계대상이 힘을 다스려야 할 상황인지 변형을 다스려야 할 상황인지를 제대로 판단하여야 한다. 비구조재의 내진설계는 최대 요구량을 예측하여 그에 걸맞은 보유능력을 확보하는 과정이라고 할 수 있다. 비구조재의 내진설계는 진동에 극히 민감한 전자기계를 제외하고는 결코 특별한 것을 요구하지 않는다. 현재의 작은 관심이 미래에 일어날 수 있는 큰 재앙을 막을 수 있다.

적용편

건물을 공격하는 지진

지진이 건물을 그냥 두지 못하는 이유가 있다. 지진에는 가속도가 있고 건물에는 질량이 있기 때문이다. 이 둘은 힘을 발생시키고, 그 힘은 건물을 부수려고 작용하는 것이다.

고양이가 생선가게 앞을 그냥 지나지 못한다는 말이 있다. 생선의 비린내가 고양이를 사로잡는 것만큼이나 지진과 건물 사이에는 서로 피하려고 해도 피할 수 없는 그 무언가가 있다. 그것은 지진이 가지고 있는 가속도라는 것과 건물이 가지고 있는 질량이라는 것 때문이다. 오래 전에 영국의 과학자 뉴턴이 발견한 질량과 가속도의 관계를 이용하여 그 이유를 설명할 수 있다. 그렇다고 뉴턴 때문에 지진이 건물만 보면 그냥 지나치지 않고 부수려고 달려드는 것은 절대로 아니다. 뉴턴 전에도 지진은 건물에 피해를 입혔었다. 그러니까 뉴턴이 한 일은 지진의 그런 공격적 특성을 조종하는 자연법칙을 설명한 것이다. 사실 뉴턴이 직접적으로 지진을 지칭한 것은 아니고, 후대의 엔지니어들이 지진에 의하여 건물이 피해를 입게 되는 과정을 뉴턴이 발견한 자연법칙을 이용하여 설명한 셈이다.

그러면 대체 가속도와 질량의 관계는 것은 어떤 것인가? 가속도는 시간의 변화에 대한 속도의 변화량이다. 조금 더 쉽게 설명하자면 가속도는 속도를 증가시키거나 감소시키는 역할을 한다. 여기서 속도는 빠르기라고 할 수 있다. 그래서 변화 없이 똑같은 속도로 달리는 자동차의 가속도는 0(영, zero)이고, 자동차의 속도가 점점 빨라지면 가속도는 0보다 크고, 속도가 점점 느려지면 가속도는 0보다 작게 된다. 자동차로 달리다가 브레이크를 밟으면 속도가 점점 줄어들다가 결국은 멈추게 되는데 이는 가속도가 0보다 작아지기 때문이다. 뉴턴이 발견한 가속도와 질량의 관계는 바로 가속도가 질량에 작용하면 질량에는 힘이 작용하게 된다는 것이다. 가속도가 질량에 작용한다는 것은 질량이 가속도를 가지고 움직인다는 것을 뜻한다.

뉴턴을 생각하면 떠오르는 것이 사과가 아래로 떨어지는 것을 보고 발견하였다는 '만유인력의 법칙'이다. 두 개의 질량 사이에는 서로 끌어당기는 힘이 존재한다는 것이다. 만유인력의 법칙은 바로 가속도가 작용하는 질량이 어떻게 되는지 잘 보여 주고 있다. 사과는 우리 눈에 보이는 형태와 아름다운 색깔도 있지만 무게도 있다. 이 무게가 바로 가속도와 질량이 만들어 내는 힘이다. 아니! 사과는 나무에 가만히 매달려 있는데 가속도라니? 사과는 나무에 달려 있지만, 사과나무는 지구의 표면인 땅에 심겨 있다. 지구는 자신의 커다란 질량 때문에 지구중심으로 향하는 중력가속도를 지구와 가까이 있는 모든 사물에게 작용시키고 있다. 그러므로 질량이 있는 모든 사물에는 자신의 질량과 중력가속도를 곱한 크기만큼의 힘이 지구중심을 향하여 작용하고 있는 셈이다. 그래서 사과는 위나 옆으로 떨어지지 않고 아래로 지구중심을 향하여 떨어지게 되는 것이다. 이것이 바로 뉴턴이 발견한 만유인력이라는 자연법칙이다.

질량은 한마디로 무게와 관련된 사물의 고유한 양이라고 할 수 있다. 고유하다는 것은 상황에 따라 변하지 않는다는 것을 말한다. 즉 지구 위에 있든지 달 위에 있든지 똑같은 사과의 질량은 변함이 없다. 다만 중력가속도가 다를 뿐이다. 지구의 중력가속도가 지구의 커다란 질량 때문에 생겨났듯이 달의 중력가속도도 있다. 그런데 달의 질량은 지구보다 작기 때문에 달에서의 중력가속도는 지구에서의 중력가속도보다 작다. 그래서 똑같은 사과라도 지구 위에서 잰 사과의 무게는 달 위에서 잰 사과의 무게보다 무겁게 된다. 이는 달나라에 간 우주인들이 펄쩍펄쩍 뛰듯이 걷는 느린 동작을 보아서도 짐작할 수 있다.

지진의 세기, 방향, 진동의 빠르기 등과 건물의 위치, 지반상태, 내진설계 여부 등 여러 요인에 따라 건물의 손상 정도가 결정된다

　그렇다고 하더라도 가속도는 속도의 변화량이라고 했는데 나무에 붙어 있는 사과는 처음부터 변화할 속도가 없지 않은가? 사실 사과가 나무에 붙어 있을 때에는 속도가 없다. 즉 속도가 0(영)이다. 그런데 중력가속도 때문에 무게라는 힘이 작용하여 사과를 떼어내자 사과가 아래로 지구중심을 향하여 떨어지기 시작한다. 이렇게 떨어지는 동안에는 분명히 속도가 있다. 즉 중력가속도가 처음에는 영이던 사과의 속도를 증가시킨다는 것을 알 수 있다. 그뿐만이 아니다. 초고층 건물의 옥상정원에 사과나무가 심겨 있고 그 가지로부터 사과가 떨어진다고 생각하면, 사과가 수백 미터 아래의 땅에 가까울수록 떨어지는 속도가 점점 빨라지게 됨을 상상할 수 있다.

　질량과 가속도의 곱이 힘이 된다는 것은 사과 외에도 우리 주변에서 어렵지 않게 찾아볼 수 있다. 자동차를 타고서 갑자기 속도를 높이면 몸이 뒤로 젖혀지는 것을 느끼게 된다. 그러나 자동차를 달리다가 갑자기 멈추게 되면 이번에는 몸이 앞으로 쏠리게 된다. 이것은 자동차의 가속도가 우리 몸으로 전달되어 우리의 질량과 곱해져서 발생한 힘이 우리 몸을 뒤로 젖히거나 앞으로 미는 일을 하는 것이다. 이러한 힘을 관성력(慣性力, inertia force)이라고 부른다. 즉 운동하는 물체는 같은 방향으로 계속하여 운동하려는 성질이 있다는, 역시 뉴턴이 정리한 자연법칙이다.

지진이 빈번하게 발생하는 나라마다 지진의 발생 원리를 설명하기 위한 전설이나 신화가 있다. 지진을 극복하고 피해를 줄이려면 그 발생 원인을 아는 것이 중요하기 때문이지만, 그렇다고 이러한 전설들은 지진을 극복하는데 실질적인 도움을 주지는 못한다. 그래서 과학자와 엔지니어들은 지진의 정체를 우리가 느낄 수 있는 실체로서 밝히려고 노력해 왔다. 그 결과 지진이 발생하면 땅이 가속도를 가지고 진동한다는 것을 발견하였다. 그런데 가속도는 일정한 시간 동안 속도의 변화량이고 속도는 운동거리, 즉 변위의 변화량이기 때문에 가속도가 있다는 것은 속도와 운동거리가 함께 있다는 것을 뜻한다. 즉 지진은 땅이 운동거리, 속도, 가속도를 가지고 진동하는 것이다. 지진이 발생하였을 때 지진계를 통하여 땅의 가속도를 측정하고 이로부터 속도와 운동거리를 추정할 수 있다.

지진의 발생 원인을 설명하는 이론 중 현재 가장 널리 받아들여지고 있는 것이 판구조론(板構造論, Plate Tectonics)이다. 이 이론에 따르면 지각은 고정된 것이 아니고 마치 물 위에 떠 있는 배처럼 유연한 지층 위에 떠 있다고 한다. 떠 있을 뿐만 아니라 지각은 몇 개의 커다란 조각으로 나뉘어져 있으며, 각 조각은 지표 위를 움직이기도 하고, 각 조각의 한 쪽은 땅속으로 말려 들어가며 다른 쪽은 땅속으로부터 말려 올라온다고 한다. 그러다가 각 조각이 서로 맞닿는 부분에 이러한 운동을 방해하는 마찰의 요소가 있으면, 조각은 계속 움직이려고 하지만 마찰이 있는 부분은 마찰력이 저항하여 움직이지 못하게 하므로 마치 스프링처럼 움츠러들게 된다고 한다. 그러다가 스프링이 많이 움츠러들면 큰 힘이 저장되듯이 일정시간 동안 움츠러든 부분의 저장된 힘이 마찰력보다 크게 되면, 조각끼리 맞닿는 부분이 갑자기 미끄러지면서 저장된 힘이 분출되는데 바로 이것이 지진의 원인이라는 것이다. 이 이론을 주장하는 학자들은 지구 위와 깊은 바다 속의 열곡과 육지의 높은 산과 산맥들은 바로 이러한 조각끼리 맞닿는 면의 마찰력에 의하여 조각이 움츠러들면서 발생한 것이라는 놀라운 상상력을 펼쳐 보이기도 한다. 동일과정설(uniformitarianism)에 근거한 판구조론은 이렇게 현재 지표면의 지형으로부터 그 타당성을 설명하는 것 같지만, 사실 땅속 깊은 곳의 일을 우리가 어떻게 정확하게 알겠는가?

지진 때문에 땅이 진동한다는 것은 땅에 발을 딛고 서 있는 건물도 따라서 진동한다는 것을 뜻한다. 마치 버스를 타고 자리가 없어서 서 있으려면 버스가 울퉁불퉁한 길을 가거나 커브를 돌 때 우리 몸도 이리저리 쏠리다가 신호등에서 버스가 갑자기 서면 우리 몸이 앞으로 쏠리게 되는 것과 같은 원리이다. 마찬가지로 땅의 진동 가속도가 고스란히 건물에 전달되면 건물 각층의 질량과 반응하여 뉴턴의 법칙에 의하여 힘으로 바뀌고, 이 힘이 다시 건물 각 층에 작용하게 된다.

중력가속도는 지구중심으로만 향하지만, 지진에 의한 지반가속도는 중력방향의 요소와 함께 수평방향의 요소도 있다. 그러니까 지진이 오면 건물에는 수평수직 방향으로 힘이 작용하고 있는 셈이 된다. 특히 수평방향의 힘은 지진이 건물로부터 어느 방향에서 발생하여 오느냐에 따라 힘의 방향이 결정되므로 건물에는 사실상 모든 방향으로부터 지진의 힘이 작용할 수 있음을 알아야 한다. 이제 지진이 건물을 그냥 두지 못하는 이유가 분명해졌다. 지진에는 가속도가 있고 건물에는 질량이 있기 때문이다. 이 둘은 힘을 발생시키고, 그 힘은 건물을 부수려고 작용하는 것이다.

지진이 발생시키는 진동이라 함은 방향을 바꾸어가며 운동하는 것을 뜻한다. 어린이들이 좋아하는 그네타기도 진동이다. 어린이들이 구르면 그네가

앞뒤로 오가는 운동을 하기 때문이다. 시계추도 좌우로 운동하는 진동이다. 누구나 쉽게 진동을 만들어 낼 수 있다. 나무나 플라스틱으로 만든 얇고 기다란 자의 한 끝을 책상 위 모서리 근처에 놓고 누른 후, 책상 밖으로 나간 자의 다른 쪽 끝을 살짝 눌렀다가 갑자기 놓으면 자는 심하게 진동한다. 그러나 자의 진동은 그네나 시계추의 진동과는 다른 면이 있다. 그네나 시계추의 왕복운동은 진동이라고 하기가 적절하지 않을 만큼 천천히 왕복하며 운동하지만, 자는 파르르 떤다. 이 둘의 다름은 진동속도의 차이 때문이다. 즉 그네와 시계추의 진동속도는 느린 반면에 자의 진동속도는 빠르기 때문이다.

지진에 의한 진동속도는 지진에 따라 다르겠지만 많은 경우에 자의 파르르 떠는 정도라고 생각할 수 있다. 그러니까 지진가속도에 의한 힘은 사과에 작용하는 지구 중력가속도에 의한 힘과 같이 한쪽 방향으로만 꾸준하게 작용하는 힘이 아니라, 순식간에 여러 차례 전후 또는 좌우로 방향을 바꾸며 작용하는 힘이다. 어떤 경우에는 힘이 작용하는 듯하다가, 힘이 건물에 채 전달되기도 전에, 힘의 방향이 반대로 바뀌는 일이 반복하여 그리고 연속적으로 일어날 수도 있다. 마치 권투선수가 상대의 얼굴을 향하여 휘두른 주먹이 상대의 얼굴에 닿는 바로 그 순간, 경기 종료종이 울리면 주먹을 거두어들이는 영화 같은 장면을 생각하면 이해할 수 있다. 그런데 실제로 지진이 건물에 작용하면 이러한 상황이 엄청나게 짧은 순간에 반복적으로 일어나게 되는 것이다.

지진에 의한 힘이 건물에 작용하면 이렇게 아슬아슬하게 피해를 줄듯 말듯 한 순간만 있는 것은 아니다. 지진이 건물을 진동시키는 동안에는 무수히 많은 여러 가지 크기의 가속도가 작용한다. 그러다가 어느 순간에는 가속도의 크기가 갑자기 커지는 경우가 있다. 이렇게 되면 그 큰 가속도와 건물 질량의 곱에 해당하는 크기 정도 되는 힘이 건물에 작용하게 된다. 이 순간은

권투선수가 주먹을 불러들이지 못하고 상대에게 일격을 가한 것과 같은 순간에 해당한다. 주먹을 맞은 상대는 휘청거리거나 쓰러질 것이다. 건물도 마찬가지이다. 지진에 의하여 건물이 피해를 입는 경우는 대개 순간적으로 크게 변화하는 가속도에 의한 힘 때문이다. 즉 크게 증가된 가속도 다음에 이어지는 반대방향의 가속도가 이 큰 가속도의 크기를 줄이거나 방향을 바꾸기에 역부족일 때 건물에는 큰 힘이 작용하게 되고 건물은 피해를 입게 된다.

　권투선수가 휘두르는 주먹에 맞았다고 하여 상대가 반드시 쓰러지는 것은 아니듯이 지진이 발생하였다고 하여 그 영향권 내의 모든 건물이 반드시 파괴되거나 무너지는 것은 아니다. 권투선수 주먹의 세기, 방향, 때린 횟수 등과 맞은 부위, 상대의 맷집, 맞는 순간의 위치 등 여러 가지 요인에 따라 맞은 선수는 쓰러질 수도 있지만 그렇지 않을 수도 있다. 마찬가지로 지진의 세기, 방향, 진동의 빠르기 등과 건물의 위치, 지반상태, 내진설계 여부 등 여러 요인에 따라 건물의 손상 정도가 결정된다. 지진에 의한 건물의 손상 정도나 무너짐에 대한 예측은 고도의 전문적인 지식과 경험이 필요한 일이기도 하고, 앞서 언급한 여러 가지 요인들을 개개의 건물별로 쉽사리 예측할 수 있는 성격이 아니므로 불확실성이 높은 일이기도 하다는 것을 인정하여야 한다. 따라서 예측이 맞느냐 틀리느냐 자체보다 어떻게 하면 피해를 줄일 수 있는지와 같은 현실적이고 실현 가능한 일에 우리의 관심을 기울여야 하겠다.

지진을 유혹하는 건물

건물로 하여금 지진을 유혹하고 또 '길'을 제공하는 것은 다름 아닌 건물 자신의 뼈대이다. 건물의 뼈대가 건물을 보호하는 동시에 지진의 파괴적인 힘을 불러들이기도 함을 알아야 한다.

지진이 건물을 공격하려고 달려드는 데에는 건물의 질량에 작용하여 힘을 발생시키고자 하는 지진의 공격적 특성에만 책임을 돌릴 수 없는 또 하나의 근본적인 이유가 있다. 그것은 건물에도 지진을 부르는 그 무언가가 존재한다는 것이다. 그뿐만이 아니다. 어이없게도 건물은 지진파가 건물 각층의 질량으로 신속하게 달려가도록 '길'을 제공하고 있다. 한마디로 건물은 지진을 유혹하고는 그 파괴력 앞에 전전긍긍하여야 하는 구조적인 모순을 가지고 있다.

건물로 하여금 지진을 유혹하고 또 '길'을 제공하는 것은 다름 아닌 건물 자신의 뼈대이다. 지금까지 건물의 뼈대는 건물의 형태를 유지하기도 하고 건물에 작용하는 여러 가지 힘으로부터 건물을 보호하는 것으로만 알고 있었다면, 이제는 건물의 뼈대가 건물을 보호하는 동시에 지진의 파괴적인 힘을 불러들이기도 함을 알아야 한다. 그것은 건물의 반응에 관계없이 지구중심을 향하여 일정하게 힘을 작용시키는 중력과는 달리 지진의 작용은 건물의 반응에 따라 달라지기 때문이다.

원칙적으로 반응이라는 말은 사람이나 동물 등 살아서 움직이는 대상에게만 적용하는 말이지만, 동시에 반응이라는 말의 뜻은 어떤 자극에 대하여 보이는 응답이라고도 할 수 있다. 즉 누군가의 이름을 불렀을 때 그 사람이 돌아보거나 대답하는 것도 반응이지만, 바닥에 공을 떨어뜨렸을 때 공이 튀어 오르는 것도 반응이라고 할 수 있다. 이렇게 보면 반응이라는 말은 살아서 움직이는 것뿐만 아니라 무생물에게도 사용할 수 있는 것 같다. 그러므로 건물의 반응 또는 응답이라 함은 건물에 작용하는 힘 때문에 건물뼈대가 저항하고 변형하는 정도를 뜻한다고 할 수 있다.

힘이 작용할 때 건물뼈대가 저항하고 변형하는 것은 마치 스프링과 같다. 쉽게 이해하기 위하여 용수철 스프링을 생각해 보기로 하자. 용수철 스프링을 잡아당기면 스프링이 늘어나고 누르면 줄어든다. 즉 힘을 가하면 변형하였다가 힘을 제거하면 원래의 모습으로 되돌아가는 것이 스프링이다. 이렇게 당연하다고 생각하는 것은 그것이 자연법칙을 따른다는 뜻이고 틀림없는 사실이라는 것을 우리들의 경험이 입증하는 것이니 그 원리를 이용하여 왜 건물이 지진을 유혹하고 길을 제공하는지 그 이유를 설명하려고 한다.

힘을 가하였을 때 변형하는 것이 스프링이라면, 스프링이 꼭 용수철이어야 할 필요는 없다. 우리는 주변에서 얼마든지 다양한 모양의 스프링을 찾아볼 수 있다. 실제로 큰 자동차에는 길이가 서로 다른 여러 겹의 철판을 겹겹이 붙인 기다란 스프링이 차축 위에서 자동차의 무게를 자동차 바퀴로 전달하고 있다. 울퉁불퉁한 도로면을 달리느라 자동차가 위 아래로 진동할 때 자동차도 보호하고 사람들에게도 승차감을 좋게 하기 위함이다. 그러므로 형태를 갖추고 있으면서 힘을 전달하는, 즉 힘에 저항하는 모든 것은 스프링의 성질이 있다고 하겠다. 따라서 건물뼈대도 스프링으로 간주할 수 있는 것이다.

평상시 건물에 작용하는 힘은 건물 자신의 무게와 건물 안에서 생활하는 사람들의 무게 그리고 사람들의 편의를 위하여 갖추어진 가구와 기계, 장비의 무게라고 할 수 있다. 이러한 종류의 무게는 건물에 중력방향으로 향하는 힘을 작용시키고 건물뼈대는 무덤덤하게 그 힘을 견디며 지반으로 전달한다. 그러기에 건물뼈대를 '힘이 흐르는 길'이라고도 부를 수 있는 것이다.

힘은 흐른다. 마치 우리 몸속에서 피가 혈관을 따라 흐르듯이, 물이 시내를 따라 흐르듯이, 전기가 전깃줄을 따라 흐르듯이 힘은 흘러간다. 우리 눈에는 보이지 않지만 건물에 작용하는 힘은 건물뼈대를 타고 지반으로 흘러간다. 만일 보나 기둥의 일부가 손상을 입어 건물뼈대, 즉 힘이 흐르는 길에 이상이 생기면 힘의 흐름이 원활하지 못하게 된다. 이런 경우는 마치 인체의 혈관에 노폐물이 축적되어 피의 흐름을 막는 경우와도 같다. 그 결과 고혈압이 생기고 심하면 혈관이 터지게 된다. 또는 물이 흐르는 시내에 커다란 장애물이 놓여 물길을 막는 경우와도 같다. 이렇게 되면 물이 불어나서 넘치므로 다른 물길이 생기든지 아니면 수압이 높아져서 둑이 무너질 수도 있다. 마찬가지로 힘이 흐르는 길에 이상이 생기면 힘은 다른 길을 찾아 흐르거나, 다른 길을 찾을 수 없을 정도로 손상의 정도가 심하면 건물이 무너질 수도 있는 것이다.

이제 스프링 이야기를 계속하기로 하자. 스프링의 특성을 단순하게 표현한다면 뻣뻣한 정도로 나타낼 수 있다. 이렇게 하면 여러 가지 스프링들을 서로 비교하는 것이 가능해진다. 어느 것은 더 뻣뻣하고, 어느 것은 덜 뻣뻣하고, 즉 부드럽고 이렇게. 그렇지만 모든 스프링은 정도의 차이는 있겠지만 뻣뻣한 성질을 가지고 있다고 할 수 있다. 또한 스프링이 뻣뻣할수록 같은 크기의 변형을 일으키는 데에는 더 큰 힘이 필요하게 된다.

건물뼈대는 여간한 힘에는 사람이 느낄 수 없을 정도로 작게 변형하도록 설계한다. 만일 변형의 크기가 사람이 느낄 정도가 되면 사태가 심각해지기 때문이다. 즉 우리가 발걸음을 옮길 때마다 바닥이 출렁거린다면 얼마나 불편할 것인가? 바람이 심하게 부는 날에는 건물이 크게 흔들려서 상층부에 사는 사람들이 뱃멀미를 하게 된다면 그런 건물에서 사람들이 과연 편안하게 살 수 있을까? 교실에 학생들이 꽉 들어차게 되면 바닥의 처짐이 심해져서

건물의 뼈대가 건물을 보호하는 동시에 지진의 파괴적인 힘을 불러들이기도 함을 알아야 한다.

바닥 한가운데를 향하여 경사지게 된다면 학생들이 자세를 똑바로 하고 앉아 있을 수 있을까? 커다란 자동차가 도로를 지나가기만 하여도 도로변 건물의 흔들림이 심해서 선반의 그릇들이 달그락거리거나 떨어진다면 얼마나 불안하겠는가? 우리가 사는 집의 바로 위층에서 강아지가 걷는 소리조차 들릴 정도라면 생활하는 것이 얼마나 조심스럽겠는가?

그러니 건물뼈대는 상당히 뻣뻣한 스프링이어야 한다. 실제로 평상시 건물에 작용하는 중력방향의 힘에 의하여 건물이 변형하는 정도는 우리가 느끼지 못할 정도로 매우 작다. 그렇다면 변형이 전혀 생기지 않게 구조물을 설계하면 어떨까?

변형이 전혀 생기지 않는 건물은 가능하지도 않지만, 그렇게 하는 것이 반드시 유익한 것도 아니다. 스프링의 성질은 힘이 작용하면 변형하기 마련이고, 다만 변형정도의 차이가 있을 뿐이기 때문이다. 파리 한 마리가 내려앉더라도 아주 작지만 이론적으로는 그 무게에 해당하는 만큼의 변형이 생긴다고 보아야 한다. 물론 이러한 변형은 작으면 작을수록 좋지만, 변형을 작게 하려면 건물뼈대의 뻣뻣한 정도를 크게 하여야 하기 때문에 건물을 짓는 비용이 증가하게 된다. 변형이 거의 생기지 않는 건물의 실제 예로는 피라미드를 생각할 수 있다. 건설비용에 비하여 사용할 수 있는 면적이 얼마나 되는지. 경제성만 따진다면 피라미드처럼 비경제적인 건물은 아마 전에도 없었고 후에도 없을 것이다. 그러므로 변형이 전혀 발생하지 않게 하는 것은 가능하지도 않거니와 무작정 변형을 작게 하기보다는 사람이 느끼지 못할 정도로 변형을 작게 유지하도록 뻣뻣한 정도를 적절하게 설계하는 것이 경제적이다.

그런데 문제는 바로 이 뻣뻣한 정도가 지진을 유혹하는 데에 결정적인 역할을 한다는 것이다. 건물의 얼개를 보면 건물의 각층 질량은 건물뼈대에 의하여 지지되어 있고 건물뼈대는 지반에 고정되어 있다. 따라서 지진이 지반을 흔들면 건물뼈대가 흔들리게 되고 그 흔들림은 고스란히 각층의 질량으로 전달되는 구조가 된다.

뼈대를 통해서 각층의 질량에 전달된 흔들림에는 물론 지반가속도도 포함되어 있다. 질량과 가속도, 이 둘의 만남은 힘을 만들어 내고 그 힘은 다시 건물뼈대를 타고서 지반으로 흘러가게 된다. 지반의 흔들림이 뼈대를 타고 질량에 전달되었다가 힘으로 변하여 다시 지반으로 흘러가는 이러한 과정은 순식간에 거의 동시적으로 일어난다고 할 수 있다. 즉 뼈대를 통한 지반의 흔들림은 바로 지진에 의한 힘의 전달로 간주할 수 있는 것이다.

힘은 참으로 묘한 성질을 가지고 있다. 물론 자연법칙에 따르는 것이다. 힘은 자신이 흘러갈 수 있는 길 중에서 가장 짧고 편안한 길을 선택한다. 이러한 현상은 땅바닥에 물을 부어 보면 볼 수 있다. 물은 낮은 곳으로 흐르되 경사가 더 급한 쪽으로 그리고 더 짧은 경로를 통하여 흘러감을 볼 수 있다. 힘이 택하는 편안한 경로는 부드러운 뼈대보다는 뻣뻣한 뼈대라고 할 수 있다. 뻣뻣함이 크면 클수록 힘은 더 잘 흐르게 된다. 마치 휘청거림이 큰 유연한 기다란 장대는 큰 힘을 전달할 수 없지만, 뻣뻣함이 큰 짧은 막대는 큰 힘을 전달할 수 있는 것과 같은 원리이다. 그래서 지진이 발생한 같은 지역에 같은 질량을 갖는 건물이 두 채 있다고 하더라도, 유연한 건물에는 지진에 의한 힘이 적게 발생하지만 뻣뻣한 건물에는 더 큰 힘이 발생하게 된다. 그러므로 결과적으로는 뻣뻣함이 큰 건물뼈대가 더 큰 지진하중을 유도한 것이라고 생각할 수 있는 것이다.

'모든 길은 로마로' 라는 말이 암시하듯, 옛날 로마시대에는 전국적으로 잘 갖추어진 도로망이 있었다. 이러한 로마의 도로는 정복지를 식민지로 삼기 위하여 군대와 물자를 신속하게 이동시킬 수 있는 길로서 그야말로 로마의 번영을 상징하는 길이었다. 그러나 로마의 쇠퇴기에는 이 큰 길을 통하여 게르만족이 신속하게 침략할 수 있었으므로 로마의 패망을 앞당기게 되었다. 건축물의 형태를 유지하고 작용하는 하중을 안전하게 지반으로 전달하여 건물을 보호하는 역할을 하도록 만들어진 건물뼈대가 지진하중을 유도하고 길을 제공하는 것으로도 사용되는 것을 보면, 실로 이 세상만사는 서로 통하는 것 같다.

지진과 건물의 궁합이 맞으면

지진의 지배적인 진동주파수와 건물의 고유주파수가 일치하거나 거의 같은 경우에는 어떤 일이 일어날까? 즉 공진이 일어나 건물의 변형이 너무 커져 건물은 손상을 입게 되고 심하면 무너지기에 이를 수도 있다.

성격이 맞는 사람과 함께 있는 것은 생각만 해도 즐겁다. 편안하고 행복해진다. 내가 좋아하는 것을 함께 좋아하고, 내가 싫어하는 것을 같이 싫어하는 그 누군가와 함께 있다는 것은 분명히 신나는 일이다. 직장의 동료들이 성격이 맞는 사람들이라면 일이 즐겁고 자연히 능률도 오를 수밖에 없다. 부부가 성격이 맞으면 그 가정에는 늘 사랑과 평화가 넘치게 된다. 이러한 현상은 사람사이에서만 나타나는 현상이 아니다. 마차를 끄는 말들도 서로 성격이 맞으면 힘들이지 않고 박자를 맞추어 마차를 끌 수 있다. 이렇게 성격이 맞으면 이로 인하여 서로 간의 장점이 최대한 발휘되어 효과를 극대화하는 상승작용인 시너지(synergy)가 일어난다. 개와 고양이가 왜 앙숙이겠는가? 바로 성격 차이 때문이 아닐까? 개가 좋아하는 것을 고양이가 싫어하고 고양이가 좋아하는 것을 개가 싫어하니 자연히 함께 지내기가 힘들게 된다.

사람마다 성격에 따라서 좋아하는 것과 싫어하는 것이 있다. 음식, 의복, 음악, 영화, 스포츠, 여행, 독서, 습관 등에 이르는 다양한 분야에서 성격에 따라 좋아하는 것과 싫어하는 것들이 있을 수 있다. 좋아하는 음식은 기분 좋게 먹을 수 있고 소화에도 걱정이 없다. 좋아하는 옷을 입으면 날개라도 단 듯 가볍게 느껴진다. 좋아하는 음악이 흘러나오면 흥얼흥얼 따라서 부르기도 하고 박자에 맞추어 저절로 발걸음도 가벼워진다. 걸음마를 막 시작한 아직 말을 할 줄 모르는 어린 아기들도 좋아하는 음악소리가 나면 일어나 장단에 맞추어 춤을 춘다. 강아지들도 눈이 내리면 괜히 신나서 이리저리 뛰어다닌다.

사람이나 동물의 경우에서처럼 감정이 있는 것은 아니지만, 건축구조물에도 각각의 독특한 성격이 있다. 물론 일반적인 성격이 아니라 지진에 대한 성격을 뜻하는 것이다. 여기에서 말하는 건물이나 지진에 있어서의 성격이라고 하는 것은 건물이나 지진이 갖는 고유한 물리적 특성을 일컫는 것이며, 진동과 관련이 있다. 지진은 지반을 진동시키며, 진동에는 변형, 속도, 가속도의 세 가지 요소가 포함되어 있다. 지반의 진동은 건물뼈대를 진동시키고, 건물뼈대의 진동은 다시 건물 각층의 질량을 진동시킨다. 그리고 질량과 가속도의 만남은 힘을 생성하고, 힘은 건물뼈대가 저항하여야 할 하중으로 남게 된다. 즉 건물뼈대는 지반의 진동을 건물 각층의 질량에 전달하는 것이다. 따라서 여기에서 말하는 지진과 건물의 성격이라 함은 지진과 건물의 진동특성을 말하는 것이다.

조금 더 쉽게 알 수 있도록 막대사탕을 예로 들어보기로 한다. 사탕을 매달고 있는 막대 대신에 기다란 철사를 사용하여 사탕을 매달았다고 생각하고 사탕이 위로 가도록 철사의 아래를 꽉 붙잡고 사탕을 옆으로 살짝 잡아당겼다가 놓으면 어떻게 될까? 철사에 매달린 채 사탕이 좌우로 왔다갔다 왕복운동 하게 되는데 이것이 바로 진동이라고 하는 것이다.

이번에는 같은 철사에 사탕 한 개를 더 붙들어 매고 사탕을 옆으로 살짝 잡아당겼다가 놓으면 어떻게 될까? 사탕의 무게가 더 무거워졌을 테니까, 아까보다는 더 느리게 왔다 갔다 할 것이다.

마지막으로 철사길이를 절반으로 줄여 짧게 하여 사탕을 옆으로 살짝 잡아당겼다가 놓으면 어떻게 될까? 길이를 절반으로 줄이면 다시 빠르게 진동하게 될 것이다.

이것으로 건물의 진동특성을 다 파악한 것이나 마찬가지인 셈이 된다. 막대사탕의 예에서 생각했듯이 기다란 철사를 사용했다는 것은 뻣뻣함이 적은 부드러운 뼈대를 사용했다는 것이고, 사탕 한 개를 더 추가하였다는 것은 질량이 두 배로 커졌다는 것이고, 철사길이를 절반으로 줄였다는 것은 뼈대를 더 뻣뻣하게 만들었다는 것을 뜻한다. 따라서 질량이 커지면 진동은 느려지고, 뻣뻣함이 커지면 진동은 빨라지게 되지만, 반대로 질량이 줄어들면 진동은 빨라지고, 뻣뻣함이 작아지면 진동은 느려지게 될 것이다.

이렇게 건축구조물의 진동은 건물뼈대의 뻣뻣한 정도와 건물질량 사이의 비율에 따라 그 빠르기가 결정된다. 특히 1초 동안에 몇 번이나 왔다갔다 왕복운동 하는지를 나타내는 진동수를 주파수(周波數, frequency)라고 한다. 그러므로 주파수의 역수는 한 번 왕복하는데 걸리는 시간을 나타내는 주기(週期, period)가 된다. 주파수의 단위는 라디오의 주파수와 같은 단위인 헤르츠(Hz)를 사용한다. 바로 이 진동주파수(또는 진동주기)가 건물과 지진의 성격, 즉 진동특성이 된다. 특히 건물뼈대와 건물질량은 쉽사리 변화하는 것이 아니고 건물에 따라 고유한 것이므로 건물의 성격을 일컫는 주파수를 '고유주파수'(固有周波數, natural frequency) 또는 기본주파수(基本周波數)라고 하고, 그 역수를 '고유주기'(固有週期, natural period) 또는 기본주기(基本週期)라고 한다.

지진을 경험하지 못한 사람들에게는 땅이 진동한다는 것이 실감나지 않을 수도 있다. 이럴 때에는 간접경험을 통해서 생각할 수 있다. 영화 속의 장면 중 큰 폭발이 일어나는 장면이나 많은 군대가 돌격하는 장면 또는 동물들의 떼가 달리는 장면에서 땅이 흔들리는 모습을 그려보면 도움이 될 것이다. 심한 경우에는 바다물이 놀을 일으키는 모습처럼 땅이 위아래 옆으로 펄럭이듯 움직이는 것을 볼 수 있다고도 한다.

모든 사람들의 성격이 다르듯이 건축구조물의 성격, 즉 진동특성 또한 다

건물이나 지진에 있어서의 성격이라고 하는 것은 건물이나 지진이 갖는 고유한 물리적 특성을 일컫는 것이며, 진동과 관련이 있다

른 경우가 대부분이다. 그것은 건물마다 뼈대의 뻣뻣한 정도와 각층에 분포된 질량이 다르기 때문이다. 건물뼈대의 뻣뻣한 정도는 건물의 평면크기와 형태, 높이, 재료, 기둥의 단면크기와 개수, 보의 단면크기와 개수, 기둥과 보의 접합방법, 기초, 지반 등 실로 다양한 요인에 의하여 결정된다. 이렇게 여러 가지를 고려하므로 건물뼈대의 뻣뻣한 정도는 건물에 따라 서로 다를 수밖에 없다.

주어진 조건으로부터 뼈대의 뻣뻣한 정도를 대충이라도 예측할 수 있는 건물과는 대조적으로 지진의 성격은 예측할 도리가 없다. 지진이 언제 발생할지, 얼마만한 세기의 지진이 올지, 어느 방향으로부터 올지, 어떤 진동특성, 즉 주파수를 가졌을지 등 불확실한 것뿐이다. 한마디로 지진에 있어서는 예측할 수 있는 것이 아무것도 없다고 하는 것이 옳다.

그런데 비록 예측할 수 없는 지진이지만 지진과 건물의 진동특성이 같거나 아주 비슷한 경우가 있을 수 있다. 즉 지진의 지배적인 진동주파수와 건물의 고유주파수가 일치하거나 거의 같은 경우에는 어떤 일이 일어날까? 지진과 건물의 성격이 같은 경우이니 기분 좋은 일이 일어날까? 시너지효과 같은 것 말이다.

과연 그럴까? 물론 진동에도 분명히 시너지효과가 있다. 다음의 예를 들어 설명하면 이해하기가 훨씬 쉬울 것이다. 요즈음은 보기 힘들지만 교회당의 종탑에 높이 달려 있는, 줄을 잡아당겨서 종소리를 울리는 종을 어렵지 않게 볼 수 있던 시절이 있었다. 또는 영화 속에서 노트르담 성전의 종치는 장면을 떠올려도 좋다. 이런 종들은 아무리 힘이 센 어른이라도 단번에 줄을 잡아당겨서는 소리를 낼 수 없다. 종들이 워낙 크고 무겁기 때문에 종이 소리를 낼 수 있을 정도로 단번에 기울어지게 할 수 없기 때문이다. 이런 종들을 칠 때에는 요령이 있다. 맨 처음에는 줄을 조금만 잡아당긴다. 그러면 줄이 위아래로 조금씩 왔다갔다 움직이게 된다. 즉 처음에는 진동 폭이 작게 진동한다. 줄이 아래로 내려올 때 다시 잡아당기면 위아래로 움직임이 조금 더 커진다. 이렇게 종이 진동하는 리듬에 맞추어 조금씩 더 잡아당겨서 움직임을 조금씩 키워 가면 어느 순간에는 종소리가 날 정도로 진동의 폭이 커지게 된다. 진동 폭이 커지게 되면 사람을 줄에 매달고도 종소리를 우렁차게 울릴 수 있을 정도로 큰 관성력이 생기게 된다. 힘이 약한 어린이들도 할 수 있는 방법이다. 종의 진동특성에 맞추어 진동을 가함으로 작은 힘을 모아 상승작용으로 큰 힘을 만들어낸 시너지의 좋은 예이다. 이와 같이 진동에 있어서 진동주파수(또는 진동주기)가 일치함으로써 진동 폭이 커지게 되는 현상을 공진(共振, resonance)이라고 한다.

시너지효과를 다른 말로 표현하면 흥을 돋우는 것이라고 할 수 있다. 다시 말하면 어떤 상황에 처한 당사자가 있고, 말이나 행동으로 격려를 보냄으로 그 당사자가 더욱 최선을 다할 수 있는 분위기를 만들어 내는 일을 생각할 수 있다. 주로 긍정적이고 좋은 뜻으로 쓰인다. 즉 즐거운 음악은 즐거움을 더욱 크게 하고, 축하의 말은 기쁨을 더욱 크게 한다. 노래를 부를 때 손뼉을 치며 장단을 맞추면 더욱 신이 나서 노래를 부를 수 있다. 줄을 맞추어 행군하는 군인들 앞에서 행진곡을 연주하면 더욱 용감하게 행군하게 된다. 운동시합을 할 때에 응원을 하면 운동선수들이 힘을 얻어 자신들의 기량을 다해 좋은 경기를 펼칠 수도 있다. 이와 같이 때와 격에 맞는 말이나 행동으로 흥을 돋우면 그 효과가 배가되는 현상 역시 시너지효과라고 할 수 있다.

그러나 지진과 건물의 성격이 너무 잘 맞게 되면, 즉 지진과 건물의 진동주파수(또는 진동주기)가 같게 되면 좋은 일이 아니라 문제가 생긴다. 이 둘의 주파수가 일치하면, 즉 공진이 발생하면, 마치 종의 진동에 맞추어 조금씩 힘을 더하여 종의 움직임을 점점 크게 하여 결국은 종소리를 나게 하듯이, 지진의 장단에 맞추어 건물이 흥이 나고, 건물은 흥에 겨워 진동 폭이 점점 커지게 된다. 건물의 진동 폭이 점점 커진다는 것은 건물의 변형이 점점 더 커지게 됨을 뜻한다. 그리고 결국에 가서는 건물의 변형이 건물이 감당하기에 너무 커지게 되면 건물은 손상을 입게 되고 심하면 무너지기에 이를 수도 있다. 건물의 변형은 무한하게 커질 수 없기 때문이다. 이 세상의 모든 것에는 한계가 있듯이 아무리 튼튼해 보이는 건물이라고 하더라도 건물이 감당할 수 있는 한계가 있음을 알아야 한다. 지진과 건물의 성격이 너무 잘 맞으면, 건물은 너무 흥에 겨운 나머지 자신의 한계를 넘어 결국은 파국으로 치닫게 된다.

몸으로 때우기

내진설계의 선택항목에는 '몸으로 때우기' 항목이 있다. 내진설계를 위하여 엔지니어가 선택할 수 있는 사항은 크게 둘로 나눌 수 있다. 건물뼈대의 손상을 허용할 것인가 아니면 허용하지 않을 것인가.

중학교 일 학년 때 집에서 학교까지 거리는 버스로는 아홉 정류장, 걸어서는 1시간 30분 정도 걸리는 거리였기에 주로 버스로 통학하였다. 당시 버스요금이 10원이었는데 집으로 돌아오는 길을 걸으면 집근처의 동네 오락실에서 모형자동차 운전을 할 수 있었다. 오락실의 자동차 운전이라야 10원짜리 동전을 넣은 후, 구불구불한 도로가 그려져 있는 바닥이 움직일 때, 막대 끝에 달린 작은 자동차 모형이 들어 있는 유리 상자 앞의 자동차 핸들을 잡고 자동차 바퀴가 곳곳의 도로 가운데 튀어나온 장애물에 걸리지 않도록 조종하는 것이었다. 요사이 컴퓨터 스크린 속을 엄청난 속도로 달리는 자동차처럼 박진감 넘치는 것은 아니었지만, 당시로서는 스릴 넘치는 5분을 위해 기꺼이 1시간 30분을 걸었던 기억이 있다. 그야말로 잠시의 즐거움을 위하여 '몸으로 때운' 것이었다. 아니 10원을 아끼려고 몸으로 때운 셈이었다. 그나마 회수권을 사용하면서부터는 버스를 탈 것인가 아니면 걸을 것인가를 고민하는 일이 없어졌지만.

이후로도 젊고 건강하다고 생각했을 적에는 '몸으로 때우기'가 종종 매우 매력적인 선택항목 중 하나가 되곤 한 기억이 있다. 유학시절 방학을 하면 한 학기 동안 공부하느라 지친 심신을 재충전하고 가족과의 시간도 가질 겸 '당일치기' 가족여행을 가곤 했다. 대개 당일치기 가족여행은 아침 일찍 출발하여 밤늦게 집으로 돌아오게 되기 때문에 심신을 재충전하기보다는 하루의 태반을 자동차 운전하느라 오히려 피곤하였지만, 그래도 좋은 기억으로 남아 있다. 방학이라 시간적인 부담도 없는데 먼 곳으로 며칠간의 여행을 할까도 생각했었지만, 역시 더 비싼 여행경비를 지출하기보다는 '몸으로 때우기'를 선택할 수밖에 없었다.

그런데 재미있는 것은 내진설계에 있어서도 '몸으로 때우기'가 선택항목 중 하나인 것이다. 아니 오히려 지금까지 대개의 내진설계는 '몸으로 때우기'가 대부분이었다고 할 정도이다. 도대체 내진설계의 선택항목에는 어떤 것들이 있기에 '몸으로 때우기'까지 그 항목 중 하나라는 것일까? 내진설계를 위하여 엔지니어가 선택할 수 있는 사항은 크게 둘로 나누어 생각할 수 있다. 건물뼈대의 손상을 허용할 것인가 아니면 허용하지 않을 것인가. 여기서 건물뼈대의 손상을 허용하는 것이 바로 '몸으로 때우기'라고 할 수 있는데, 이런 식의 분류가 가능하기 위한 전제조건은 건물뼈대의 손상여부가 엔지니어가 허용할 수 있는 영역이어야 한다는 것이다. 과연 이것이 가능한 것일까?

일반적으로 지진이 발생하여 건축구조물이 진동하면 건물의 질량과 지반가속도에 의한 힘이 건축구조물을 이루는 각 구조부재에 작용하게 된다. 그런데 건물은 조만간 지어질 것이지만, 지진은 미래에 언젠가 발생할 수 있을 것으로 예상될 뿐 그 세기도 방향도 알 수 없고, 또 얼마나 자주 발생할지도 알 수 없는 그야말로 막연한 것이다. 이런 불확실한 지진에 의한 요구량에 대하여 건물뼈대의 손상을 허용한다든지 또는 허용하지 않는다든지 하는 것을 문자대로 결정한다는 것은 가능하지 않다고 보아야 한다. 따라서 건물뼈대의 손상을 허용한다는 말은 구조부재가 손상을 입더라도 건축구조물이 붕괴되지 않고 저항성능을 유지하면서 서 있을 수 있도록 설계하는 것을 뜻한다고 해석하는 것이 옳을 것이다. 마치 버스를 타는 대신 '몸으로 때워' 1시간 30분을 걸었거나, 돈이 드는 우아한 여행 대신 '몸으로 때워' 당일치기 여행을 하였더라도 몸이 축나지 않고 그대로 남아 있는 것처럼.

그렇다면 지진에 의하여 구조부재가 손상을 입더라도 건축구조물이 붕괴되지 않고 저항성능을 유지하면서 서 있을 수 있도록 어떻게 설계한다는 것인가? 즉 어떻게 하면 몸으로 때우고도 건물뼈대가 건물을 지탱하며 서 있도록 할 수 있는 것일까? 이에 대한 대답은 지진에 대한 건축구조물의 거동을 다스리는 방법을 설명하는 것으로 대신할 수 있다.

지진에 대한 건축구조물의 응답은 힘과 변형이다. 즉 힘과 변형을 다스리는 것이 곧 지진에 대한 건축구조물의 거동을 다스리는 것이라고 할 수 있다. 이때 염두에 두어야 할 개념이 에너지 개념이다. 즉 에너지는 일을 할 수 있는 능력인데, 일은 힘과 변형의 곱으로 나타낼 수 있다. 바닥에 커다란 타일을 힘으로 미끄러뜨리면 타일은 한없이 미끄러져 나가지 않고 일정거리를 미끄러지면 서게 된다. 타일을 미끄러뜨린 힘은 타일이 미끄러지는 동안 점점 소모되어, 다 소멸되면 더 이상 일을 할 수 없으므로 타일은 미끄러지지 않고 미끄러져 나가던 그 자리에 멈춰 서게 된다. 즉 타일을 미끄러지게 한 에너지는 타일이 바닥 위를 미끄러지는 동안 작용하였던, 타일과 바닥 사이의 저항력을 극복하면서 타일이 일정한 거리를 운동하도록 일을 하는데 사용되었다. 바꾸어 말하면, 애초에 타일을 미끄러지게 한 에너지를 소모하기 위하여 타일은 저항력을 유지하면서 일정한 거리를 움직인 것이라고도 할 수 있다. 이때 타일과 바닥사이의 마찰력이 크면 미끄러져 나가는 거리가 짧을 것이고, 마찰력이 작으면 긴 거리를 미끄러져 나가야 할 것이다. 극단적으로는 타일이 접착제에 의하여 바닥에 단단히 붙어 있었다면 타일은 거의 움직이지 않았을 것이지만, 반면에 바닥면과 타일 사이에 마찰력이 없었다면 한없이 그리고 무한히 미끄러져 나갔을 것이다.

내진설계자가 할 수 있는 사항은 건물 뼈대의 손상을 허용할 것인가 아니면 허용하지 않을 것인가이다

    지진의 세기가 크면 지진에너지도 크기 마련인데, 이런 지진에서 건축구조물이 살아남으려면 건물로 전달된 지진의 진동이 포함하고 있는 지진에너지를 다 소모하도록 하여야 한다. 바꾸어 말하면 건축구조물이 큰 힘을 견딜 수 있던지 아니면 변형할 수 있는 능력이 커야 한다. 그런데 지진에 의한 힘이 어느 정도인지 확실히 알지 못하는데 건축구조물로 하여금 무작정 큰 힘을 견디도록 설계한다는 것은 비경제적일뿐더러 그 누구도 설득할 수 없다. 따라서 빈번하게 발생하는 지진에 의하여 작용하는 힘에 대하여 손상 없이 충분히 견딜 정도의 강도를 갖도록 하되 항복 후 큰 변형 능력을 갖도록 설계하면, 마치 타일이 바닥 위를 미끄러지면서 에너지를 소모하듯, 지진에너지를 소모시킬 수 있다. 이것이 바로 에너지 개념에 기초한 연성설계(延性設計, ductile design) 방법이다.

    그런데 연성설계가 그 효과를 보려면 설계 시 가정한 대로 구조물이 항복 후에도 강함을 유지하면서 크게 변형할 수 있는 능력이 있어야 하는데, 항복 후 크게 변형한다는 것은 바로 건물뼈대가 손상을 입는다는 것을 뜻한다. 즉

'몸으로 때우기'를 하는 것이다. 사람은 몸으로 때우더라도 몸이 크게 축나는 일이 없지만 건축구조물은 몸으로 때우면 손상을 입게 되고 지진 후에는 손상을 수리하여야 한다. 아니 심한 경우에는 부수고 다시 지어야 할 수도 있다. 비록 부수고 다시 지어야 할 경우라도 지진이 있는 동안 그리고 지진 후에 건물 안의 사람들이 무사히 대피할 수 있기까지 그리고 재건축을 목적으로 인위적으로 부수기까지 견뎌 주었다면, 그 건축구조물은 내진설계의 목적을 달성한 것이라고 볼 수 있다. 그러므로 지진 후에 건축구조물이 손상을 입은 경우라고 할지라도 설계가 잘못되었다고 판단하기에 앞서, 그 손상이 설계자가 허용한 손상인지, 손상을 입지 말아야 할 부분의 손상인지, 일상적인 손상인지를 살펴야 한다. 몸으로 때우도록 설계되었다면, 지진 후 건축물에는 당연히 몸으로 때운 흔적이 남기 마련이다.

접착력이 강하면 큰 힘에도 타일은 미끄러지지 않고 견디겠지만, 더 큰 힘이 작용하면 미끄러지는 대신 타일 자체가 부서질 수 있듯이, 건축구조물도 큰 지진력에 견디도록, 힘에는 힘으로, 즉 힘을 다스리는 방법으로 설계할 수 있지만, 더 큰 지진력이 작용하면 건물뼈대가 심하게 손상되어 건축구조물 자체의 붕괴로 이어질 수 있다. 설계할 때 고려하였던 지진력보다 더 강한 지진력이 발생하지 말라는 법이 없기 때문이다. 검(劍, sword)을 쓰는 자는 검으로 망하고, 힘을 쓰는 자는 힘으로 망하게 된다는 말이 있듯이.

다음으로 건물뼈대의 손상을 허용하지 않는 경우에 대하여 생각해 보자. 몸으로 때우지 않으려면 비용을 지불하게 된다. 마치 어느 부자가 자신이 맞아야 할 곤장을 가엾은 흥부에게 돈을 주고 대신 맞게 하였던 것처럼. 건축구조물의 손상을 피하려면, 건물뼈대에는 큰 힘이 전달되지 않도록 그리고 건물뼈대 자체의 변형이 크지 않도록 조치하여야 한다. 즉 지진력을 차단하고 건물뼈대를 대신하여 크게 변형할 수 있는 그 무엇인가가 필요하다. 이렇게 하여 개발된 것이 면진격리(免振隔離, seismic base isolation) 개념이다. 즉 건축구조물과 지반을 떼어 놓자는 것이다. 그러나 지반을 완전하게 떠난 건축구조물은 생각할 수 없는 노릇이다. 그러므로 지진력의 일정 부분만, 예를 들어 건물무게의 5%~30% 정도만, 전달되도록 하여 건축구조물이 손상 없이 지진에 견디도록 개발된 시스템이 면진격리베어링이다. 면진격리베어링에는 면진격리고무베어링, 면진격리납-고무베어링, 면진격리미끄럼베어링 등이 있다. 면진격리베어링은 대개 기초와 맨 아래층 사이에 설치되지만, 필요한 경우 중간층에도 설치될 수 있다. 면진격리베어링은 1980년대부터 건축물과 원자력발전소 등의 특수구조물 및 교량에 설치되기 시작하였으며, 지진에 약하다고 간주되는 석조건물 등 역사적 가치가 인정되는 건축물의 내진보강(耐震補强, seismic retrofit)에도 사용되고 있다. 우리나라에는 1990년대에 도입되어 건축물과 교량에 설치된 사례가 보고되어 있다.

면진격리베어링 외에 건물뼈대의 손상을 허용하지 않는 방법으로 많이 사용되는 것이 댐퍼(damper)이다. 댐퍼는 건축물로 유입된 지진에너지를 흡수하여 건물뼈대가 부담하여야 할 힘과 변형의 양을 줄임으로 건물뼈대를 보호하는 장치이다. 댐퍼에도 에너지를 흡수하는 방식에 따라 점탄성(粘彈性, visco-elastic) 댐퍼, 마찰(摩擦, frictional) 댐퍼 및 질량(質量, mass) 댐퍼 등이 있다.

댐퍼는 건축구조물 안에 한 번 설치하면, 인위적으로 장치를 바꾸기 전에는 그 동역학적 특성이 바뀌지 않는 수동제어시스템(手動制御시스템, passive control system)이라고 할 수 있다. 이를 극복하여 작용하는 지진의 특성에 따라 건물뼈대의 진동에 의한 변형의 크기를 보아가며 적절하게 대처하도록 고안된 것이 능동제어시스템(能動制御시스템, active control system)이다. 이론적으로는 능동제어시스템이 설치된 건축구조물의 층간변위(層間變位, story drift)가 지진의 진동에 의하여 일정한 크기 이상으로 커지게 되면 능동제어시스템이 그 층을 변위의 반대방향으로 잡아당기든지 밀어서 변위의 크기를 줄임으로 구조부재가 손상되지 않도록 실시간으로 제어하도록 설계된 시스템이다. 층간변위는 인접한 층과 층 사이 변위의 차이를 말하며, 층간변위가 일정수준을 넘어 커지게 되면 구조부재가 손상을 입게 된다. 마치 사람의 팔다리도 너무 꺾이면 심하게 다치듯이.

능동제어시스템은 센서에 의하여 측정된 구조부재 간 변위의 방향과 차이에 의하여 전기적으로 작동하기 때문에, 마치 사람이 바닥의 진동에 대처하여 넘어지지 않으려고 발과 몸을 이리저리 움직이는 것과 같은, 자동화되고 지능화된 이상적인 시스템이라고 간주할 수 있지만, 주의를 요한다. 능동제어시스템은 지진이 발생하여 건물이 진동하게 되면 센서가 층간변위의 차이와 방향을 감지하여 컴퓨터로 전송하고, 컴퓨터에 내장된 프로그램은 어느 부분을 어느 방향으로 어느 정도로 밀 것인지 아니면 당길 것인지를 결정하여 건물에 설치된 유압장치가 작동하도록 명령을 내리게 되고, 유압장치가 작동한 후 센서는 다시 층간변위의 차이를 감지하여 컴퓨터로 전송하는 과정을 반복하며 건물뼈대의 변형을 제어하는 시나리오로 운영된다. 이 과정이 실시간으로 진행되기 때문에 거의 동시에 일어난다고도 할 수 있겠지만, 만일 제어장치가 설계자의 의도대로 밀거나 당겨야 할 시간을 제대로 맞추어 주지 못하는 사태가 벌어지게 되면, 밀어야 할 순간에 당기거나 당겨야 할 순간에 밀게 되는 오히려 좋지 않은 결과가 발생하게 될 수도 있다. 또한 지진이 발생하여 전기 공급이 원활하지 못하게 되거나, 화재가 발생하여 온도가 높아지게 되면, 제어시스템이 제대로 작동하지 않을 수도 있다.

몸으로 때울 것인가 아니면 비용을 지불할 것인가, 즉 건물뼈대의 손상을 허용할지 아니면 허용하지 않을지는 결국 건축주가 판단할 몫이다. 그러나 대부분의 경우 건축주는 판단할 수 있는 능력이 없으므로 엔지니어는 건축주가 적절한 결정을 하도록 건축주에게 여러 가지 경우에 따라 건축구조물이 겪게 될 지진의 결과를 소상하게 설명하여야 한다. 비록 현재로서는 가능성 있는 시나리오에 불과할 수도 있지만.

성격차이가 건물을 살린다

우리 주변에는 성격이 서로 잘 맞아야 일이 잘되거나 좋은 효과가 기대되는 경우가 대부분이지만, 이상하게도 지진과 건물에 있어서는 서로의 성격차이가 크면 클수록 건물은 지진으로부터 안전해진다.

"손뼉도 마주쳐야 소리가 난다."라는 말이 있다. 이쪽에서 저쪽으로 가는 손바닥과 저쪽에서 이쪽으로 오는 손바닥이 정확히 일치하여 마주칠 때 손뼉소리는 가장 커진다. 그러나 한쪽 손바닥을 아무리 힘차게 휘둘러도 그 손바닥과 마주칠 다른 손바닥이 없다면 절대로 소리가 날 수 없다. 마주칠 손바닥이 있다고 하더라도 두 손바닥의 크기와 세기가 서로 엇비슷하여야 제대로 소리를 낼 수 있다. 건장한 어른의 손바닥과 어린 아기의 손바닥은 정확하게 마주친다고 하여도 손바닥의 크기와 세기에 있어서 워낙 차이가 크기 때문에 결코 큰 소리를 낼 수 없다. 그러므로 손바닥의 모양과 크기와 세기를 손바닥의 성격이라고 한다면, 손바닥의 성격이 서로 잘 맞으면 맞을수록 소리는 더욱 커질 수 있다. 반대로 성격이 서로 맞지 않으면 않을수록 손뼉소리를 제대로 낼 가능성은 작아지게 된다.

마찬가지로 지진과 건물의 성격, 즉 진동주파수가 서로 같게 되면 지진에 의한 건물의 진동은 크게 증폭되고, 그 결과 건물뼈대는 자신이 견딜 수 있는 허용한계 이상으로 크게 변형될 가능성이 있다. 대개 건물은 허용한계 이상으로 변형되더라도 즉시 무너지기보다는 손상을 입게 된다. 하지만 무너짐도 손상의 여러 가능한 형태 중 하나라는 것 또한 알아야 한다. 이렇게 되면 손상의 정도가 중요한 변수가 될 수 있다. 그래서 내진설계기준에서는 손상의 정도를 몇 가지로 나누어 설계목표로 사용하고 있다. 즉 손상이 없는 경우, 손상은 입었지만 수리가 가능한 경우, 수리가 불가능할 정도로 손상은 입었지만 무너지지는 않는 경우, 그리고 마지막으로 무너지는 경우 등으로 나누어 생각한다. 정리하자면 지진과 건물의 성격이 서로 가까우면 가까울수록 건물은 손상을 입을 위험에 노출될 가능성이 그만큼 더 커진다고 하겠다. 그렇다면 이러한 성질을 이용하여 지진의 공격으로부터 건물을 보호할 수는 없을까? 혹시 지진과 건물의 성격이 서로 가까워지지 않도록 조정할 수 있다면 되지 않을까? 한마디로 성격차이를 이용하자는 것이다.

우리 주변에는 성격이 서로 잘 맞아야 일이 잘되거나 좋은 효과가 기대되는 경우가 대부분이지만, 이상하게도 지진과 건물에 있어서는 서로의 성격차이가 크면 클수록 건물은 지진으로부터 안전해진다. 그러나 지진과 건물의 비교 가능한 성격은 진동주파수(또는 진동주기)라고 하는 물리적 특성으로서 이를 정확하게 파악하는 것은 쉬운 일이 아니다.

건물의 고유주파수(固有周波數, natural frequency) 또는 고유주기(固有週期, natural period)는 건물뼈대의 스프링으로서 뻣뻣한 정도와 이것이 지탱하고 있는 건물질량 사이의 상대적인 비로부터 구할 수 있다. 즉 질량이 클수록 그리고 뼈대가 유연할수록 고유주파수는 작아진다. 반면에 질량이 작을수록 뼈대가 뻣뻣할수록 고유주파수는 커진다. 다시 말하면 질량이 클수록 그리고 뼈대가 유연할수록 고유주기는 길어지는 반면, 질량이 작을수록 뼈대가 뻣뻣할수록 고유주기는 짧아진다. 고유주파수가 작다는 것은 (즉 고유주기가 길다는 것은) 진동속도가 느리다는 것이고, 고유주파수가 크다는 것은 (즉 고유주기가 짧다는 것은) 진동속도가 빠르다는 것을 뜻한다. 여기서 주파수와 주기는 역수(逆數 inverse)의 관계이다. 건물의 질량은 건물뼈대 각 부분의 치수와 뼈대를 감싸고 있는 마감재나 피복재 그리고 벽체 등 건물을 구성하는 모든 것의 무게를 고려하여 구할 수 있으므로 그런대로 정확하게 구할 수 있다고 간주한다. 그러나 건물뼈대의 뻣뻣한 정도는 뼈대를 이루는 재료, 뼈대의 치수, 접합방법, 뼈대를 받치고 있는 지반의 상태 등 실로 복잡한 변수들을 고려하여 구하게 된다. 그나마 이렇게 구한 뻣뻣한 정도도 수학적으로는 정확할 수 있을지 몰라도 건물뼈대의 실제 상태를 그대로 반영한 것으로 보기는 어렵다. 재료의 상태나 경계조건 등의 여러 복잡한 변수들을 각각 하나의 고정된 값으로 나타낸다는 것이 사실상 무리이기 때문이다. 이것이 바로 수학적 모델의 한계라고 할 수 있다.

그러므로 건축구조물의 고유주파수(또는 고유주기)를 조금이라도 더 신뢰성 있게 구하기 위하여 실제 건물을 대상으로 자유진동시험을 한다. 자유진동시험이라 함은 구조물 지붕 층을 옆으로 살짝 잡아당겼다가 놓음으로 건물이 왔다갔다 진동하도록 하게 하는 실험을 말한다. 이러한 방법으로 고유주파수(또는 고유주기)를 구하면 수학식으로부터 구한 이론적인 값보다는 신뢰할 만하다고 생각하겠지만, 사실은 이 방법에도 두 가지 문제가 있다. 첫째는 건물을 어떻게 잡아당길 수 있는가이다. 건물의 규모는 대단히 크기 때문에 건물을 잡아당기는 장치를 설치하기도 어려울 뿐만 아니라 혹시 잡아당기다가 건물을 손상시킬 수도 있기 때문이다. 둘째는 잡아당기는데 성공하였다고 하더라도 건물규모에 비하여 아주 작은 정도만 잡아당길 수 있기 때문에, 그렇게 작은 정도의 진동으로부터 구한 고유주파수(또는 고유주기)가 과연 건물이 지진에 의하여 진동하며 겪게 될 큰 변형을 동반한 진동 시 주파수(또는 주기)를 대표할 수 있는가 하는 의문 때문이다.

그러므로 수학식으로부터 구하는 것도 문제의 소지가 있고, 자유진동시험으로부터 구하는 것도 문제의 소지가 있다고 할 수 있다. 결국 이것이 엔지니어링의 한계이다. 그러나 실망하기에는 아직 이르다. 여기서 지적한 문제

지진과 건물에 있어서는 서로의 성격차이가 크면 클수록 건물은 지진으로부터 안전해진다.

점들은 정확한 값을 집어내는데 있어서의 문제점이기 때문이다. 그렇다면 건물의 정확한 고유주파수(또는 고유주기)가 과연 필요한 것인지 먼저 따져 보아야 하겠다. 건물의 고유주파수(또는 고유주기)가 필요한 이유는 지진의 주파수(또는 주기)와 얼마나 가까운가를 알기 위해서이다. 그래야 건물과 지진의 성격이 같을지, 비슷할지, 다를지 또는 많이 다를지를 알 수 있고, 그에 따라 건물에 미치는 지진의 영향을 짐작할 수 있기 때문이다. 그러니까 건축구조물의 고유주파수(또는 고유주기)만 정확하게 구한다고 하여 해결될 문제가 아니다. 지진의 주파수(또는 주기)도 알아야 한다.

그런데 지진은 언제, 어디서, 어느 방향으로부터, 어느 정도 크기로 발생할지 알 수 없는, 그야말로 예측할 수 없는 자연현상이기 때문에 닥쳐올 지진의 진동주파수를 알 도리조차 없다. 그렇다면 어떻게 건물의 고유주파수(또는 고유주기)와 지진의 진동주파수(또는 진동주기)를 비교한다는 말인가? 건물설계를 위하여 우리가 필요로 하는 것은 미래에 발생할 지진에 대한 사항이지만, 지진의 예측 불허 한 불확실성 때문에, 차선책으로 과거에 발생하였던 지진에 대한 기록으로부터 각각의 진동특성을 파악하는 것으로 대체할 수밖에 없다. 소수의 지진기록으로부터 파악한 진동특성은 일반적인 지진에 대한 대표성이 없기 때문에 가급적 많은 수의 지진에 대한 진동특성을 파악하여 사용할 수밖에 없다. 그러나 아무리 많은 수의 지진기록으로부터 파악한 진동특성이라고 하더라도 미래에 발생할 지진에 대한 진동특성을 모두 포함한다고 보장할 수는 없다는 것을 알아야 한다. 지역적으로도 건물이 지어질 지역에서 과거에 발생하였던 충분한 수의 지진기록을 구할 수 없는 경우가 대부분이기 때문에 여러 다른 지역에서 발생하였던 지진기록들을 사용할 수밖에 없는 것이 현실이다.

지진의 진동특성을 보면 하나의 고유주파수(또는 고유주기)를 갖는 건물과는 달리 지진의 진동주파수(또는 진동주기)는 하나의 특정한 값만 갖는 것이 아니라 주파수(또는 주기)의 넓은 영역에 걸쳐 분포한다. 이렇게 주파수(또는 주기)의 영역이 넓은 특성을 갖는 진동을 화이트노이즈(white noise)라고 한다. '잡음'이라는 뜻으로 사용되는 말이다. 지진의 진동은 대표적인 화이트노이즈이다. 그러므로 지진의 진동특성, 즉 주파수(또는 주기)를 파악한다는 것은 지진에 대한 주파수(또는 주기)의 영역을 파악하는 것이라고 할 수 있다. 물론 지진에는 거의 모든 영역의 주파수(또는 주기)의 요소가 포함되어 있지만, 지진이 발생하는 지역의 지반에 따라서 특정한 범위의 주파수(또는 주기)의 영향이 두드러지게 되는 것이 일반적인 현상이다.

자, 이제 지진과 건물의 성격이 서로 가까워지지 않도록 조정하는 방법에 대하여 생각해보도록 하자. 지진의 장단에 맞추어 건물이 흥을 돋우지 못하게 하려면, 지진과 건물의 성격차이를 가급적 크게 하여야 한다. 지진의 진동주파수(또는 진동주기)는 우리가 어찌할 도리가 없지만, 건물의 고유주파수

(또는 고유주기)가 지진의 영향력이 두드러진 주파수(또는 주기) 영역을 피하도록 건물의 주파수(또는 주기)를 조정할 수는 있다. 지진의 영향이 두드러진 주파수(또는 주기) 영역은 지반상태에 따라 다르지만, 일반적으로는 진동주파수가 큰 영역이며(즉 진동주기가 짧은 영역이며), 애석하게도 일반적인 건물의 고유주파수(또는 고유주기)는 대개 지진의 영향력이 강한 영역에 놓이게 된다. 이는 건물을 사용하기에 불안하거나 불편하지 않게 지으려면 필연적으로 어느 정도 뻣뻣함을 유지하여야 하기 때문에 그런 것이다. 물론 고층건물은 저층건물에 비하여 비교적 유연하기 때문에 대개 최악의 영역은 벗어나게 되지만, 이것은 일반적인 경우에 그렇다는 것이지, 모든 경우에 반드시 그렇다는 것은 아니다.

그렇다면 지진과 건물의 성격차이를 크게 할 수 있는 방법이 결국은 없다는 말인가? 이러한 고민은 과거 여러 엔지니어들도 가졌던 고민이었다. 이에 대한 그들의 해결책은 자연을 관찰하여 얻은 영감에 더하여 상식을 적용하는 것이었다. 바람에 흔들리는 갈대를 보라. 아무리 약한 바람에도 갈대는 흔들리지만 갈대가 바람에 상하는 경우는 거의 없다. 갈대는 매우 유연하여 뻣뻣함이 아주 적고 큰 힘을 유도할 수 없기 때문이다. 이렇게 뻣뻣함이 적은 것은 힘이 흐르기에 적절한 길이 아닐뿐더러 고유주파수 또한 매우 작다(그러나 고유주기는 매우 길다). 따라서 건물을 유연하게 하는 방법을 생각할 수만 있다면 문제는 해결되는 것이다. 그러나 현실적으로 대부분의 건물은 심하게 손상되어 그 뻣뻣함을 충분히 잃기 전에는 결코 지진의 영향이 강한 진동주파수(또는 진동주기) 영역을 벗어날 수 없다.

그래서 생각해낸 것이 건물이 손상되지 않고서도 건물에 유연함을 줄 수 있는 '희생양', 즉 '면진격리베어링'이라고 일컫는 것이다. 면진격리베어링은 건물의 기초위치에 놓여 건물과 지반을 서로 떼어 놓는다는 의미를 가지고 있으며, 건물이 겪어야 할 과도한 변형을 대신하여 감당해 준다는 뜻으로 희생양이라고 불렀다. 건물과 지반이 분리된 예는 풍선을 생각하면 쉽게 생각할 수 있다. 풍선은 실에 매여 있지만 실이 너무 유연하기 때문에 실의 역할은 단지 풍선이 멀리 날아가지 않도록 붙잡아 매는 것일 뿐 풍선은 바람에 따라 자유로이 좌우로 움직일 수 있다. 또한 풍선을 매단 실을 잡고 있는 우리의 손을 좌우로 아무리 흔들어도 풍선은 거의 움직이지 않는다. 실이 워낙 유연하고 동시에 변형을 크게 할 수 있기 때문에 손이 흔드는 힘이 풍선에 거의 전달되지 않기 때문이다. 풍선의 예에서와 마찬가지로 건물과 지반을 떼어 놓는 정도가 크면 클수록 지진에 의한 지반의 진동이 건물에 미치는 영향은 줄게 된다.

그렇다면 풍선에서처럼 건물과 지반을 완전하게 떼어 놓으면 어떨까? 그러면 지진 때문에 지반이 아무리 요동하더라도 건물은 안전할 것 아니겠는가? 생각만 해도 너무 멋지지 않은가?

과연 그럴까? 밤사이에 바람이 불어오면 무슨 일이 일어날지 생각해 보라. 풍선을 잡아맨 실이 없다면 풍선은 손으로부터 100% 분리된 것이지만 풍선은 멀리 날아가 버리게 되므로 건물과 지반에 있어서 이런 경우는 생각할 수 없다. 이 경우 바람에 날려 위치가 이동되는 것뿐만 아니라 누군가 건물에 기대기만 하여도 건물은 옆으로 밀려나게 될 것이다.

그러니까 면진격리베어링을 설치하더라도 지진 말고 평상시 건물에 작용하는 힘에는 밀리지 않도록 어느 정도의 뻣뻣함은 유지되어야 필요가 있다. 문제는 어떻게 지진의 성격으로부터는 가급적 멀리 떨어지도록 유연하면서 동시에 건물을 사용하기에는 불편함이 없을 정도의 뻣뻣함을 유지할 수 있느냐이다. 면진격리베어링의 뻣뻣함이 너무 크면 건물의 성격은 지진의 성격에 가까워져 그 효과가 없어질 것이고, 뻣뻣함이 너무 적으면 건물은 평상시 바람이나 작은 충격에도 좌우로 심하게 흔들리게 될 것이기 때문이다. 여기서 조금 더 욕심을 낸다면, 지진 후에는 건물이 원래 있던 위치로부터 벗어나지 않고 그 자리에 그대로 서 있을 수 있어야 하겠다.

이 모든 조건을 만족시킬 수 있는 재료가 바로 고무이다. 고무는 다른 건축구조재료에 비하여 유연하면서 동시에 탄성이라서 원래의 모습으로 회복하려는 성질이 있다. 고무의 탄성을 이용하여 얇은 고무판과 얇은 철판을 샌드위치처럼 여러 겹 번갈아 겹쳐서 단단히 붙여 만든 면진격리베어링이 '면진격리고무베어링' 이다. 면진격리베어링은 이미 많은 교량과 여러 건물에 사용된 사례가 보고되어 있다. 얇은 고무판과 얇은 철판 여러 겹을 사용하는 이유는 건물의 수직방향 뻣뻣함이 수평방향에 비하여 수백 배 정도 더 크도록 하기 위함이다. 이는 건물을 지반으로부터 수평방향으로는 충분히 격리시키면서도 수직방향으로는 안정감을 유지하도록 하는, 건물사용자를 배려하는 조치이다. 면진격리고무베어링의 중앙을 관통하는 원형구멍을 뚫고 납을 충전하여 끼우면 '면진격리 납-고무베어링' 이 되어 베어링은 더욱 많은 양의 지진에너지를 흡수함으로써 지진에 의한 변형을 줄이고 건물의 진동을 더욱 빠르게 잠재울 수 있게 된다.

면진격리고무베어링이나 면진격리 납-고무베어링을 사용하는 목적은 지진에 의한 건물뼈대 자체의 변형을 줄임으로 뼈대에 발생하는 힘의 크기를 줄이고, 따라서 건물이 손상될 가능성을 낮추려는 것이다. 면진격리베어링을 설치한 건물은 결과적으로 베어링을 설치하기 전에 비하여 더욱 유연해졌으므로 전체적인 변형은 더욱 크게 되지만, 이 중 대부분을 면진격리베어링이 대신 변형해 주기 때문에 건물자체의 변형은 감소할 수 있는 것이다. 그래서 면진격리베어링을 희생양이라고 했던 것이다.

이것으로 지진으로부터 건물을 보호하는 조치가 완벽하게 이루어진 것 같지만, 사람이 하는 일에는 '완벽' 이라는 것은 없다. 우리는 지진과 건물의 성격을 차이 나게 하고자 건물의 고유주파수를 낮추기(즉 고유주기를 길게 하기) 위하여 건물을 수평방향에 대하여 유연하게 하는 방법을 생각해 보았다. 여기서 우리가 사용한 가정은 지진의 영향이 두드러진 영역에서의 진동주파수는 '크다'는(즉 고유주기는 '짧다'는) 것이었다. 일반적으로 관찰된 바로는 옳지만, 모든 지진기록이 반드시 그런 것은 아니다. 흔치 않지만 경우에 따라서는 낮은 주파수(즉 긴 주기) 영역에서 그 영향이 두드러진 지진도 관찰되었다. 만일 면진고무베어링을 사용하여 건물을 수평방향으로 유연하게 설계하였는데 낮은 주파수(즉 긴 주기) 영역에서의 영향이 두드러진 지진이 닥쳤다고 한다면, 면진고무베어링을 설치하였기 때문에 건물과 지진의 진동성격이 비슷하게 되어 오히려 재앙이 될 가능성도 생각할 수 있다. 어떻게 보면 엔지니어는 문제해결을 찾아 끝없이 헤매어야 하는 방랑자일지도 모른다.

미끄럼판 위의 건물

> 마찰저항을 초과하는 힘이 생성되려는 순간에는 건물뼈대가 미끄럼판 위에서 미끄러짐으로써 마찰저항 이상의 힘이 건물에 전달될 수 없도록 하며, 마찰저항 이내의 힘이 생성되면 건물뼈대는 미끄러짐 없이, 마치 기초와 건물이 일체로 건립된 일반 건물처럼 스프링으로서 변형하며 저항한다.

　어렸을 적에 꽁꽁 언 얼음판 위에서 썰매를 타거나 스케이트를 지치곤 하던 기억이 난다. 얼음판 위에서 노는 것은 땅 위에서 노는 것과는 전혀 색다른 맛이 있다. 그야말로 땅 위에서 통하던 상식이 얼음 위에서는 소용없게 된다. 땅 위에서 걷는 방식으로 얼음 위에서 걷다가는 어느 순간에 어느 방향으로 나동그라질지 모른다. 얼음 위에서는 발바닥이 미끄러짐으로 순식간에 무게중심이 흐트러질 수 있기 때문에 엉거주춤한 자세로 발걸음을 조금씩 그리고 조심스럽게 떼어 놓아야 한다. 그렇지만 땅 위에서라면 생각지도 못하던 신나는 일이 얼음 위에서는 벌어지기도 한다. 나무로 짠 썰매 위에 앉아서 양손의 꼬챙이로 얼음을 찍으며 뒤로 밀면 신기하게도 썰매는 스르르 미끄러져 앞으로 나아간다. 야호! 가고 싶은 대로 얼음판 곳곳을 누비며 다니는 재미란 이루 말로 다할 수 없다. 스케이트는 또한 어떤가? 썰매보다 훨씬 더 빠르고 땅 위에서 달리는 것보다도 훨씬 더 멋지고 날렵하게 달릴 수 있다. 바람이 머리카락을 가르며 지나고, 이렇게 빠른 속도로 달려도 되나 싶어 괜히 걱정이 될 지경이었다.

　이와 같이 땅 위의 세계와 얼음판 위의 세계를 다르게 만드는 원인은 바로 마찰(摩擦, friction)이라는 현상 때문이다. 마찰이란 미끄러짐을 방해하는 그 어떤 것이다. 마찰이라는 자연현상이 성립하기 위하여 반드시 있어야 할 것은 마찰면, 즉 미끄러지는 면과 그 두 면을 서로 미끄러지지 않게끔 면에 수직으로 누르는 힘이다. 수학적으로는 서로 미끄러지려지는 두 면 사이의 마찰계수와 두면을 수직으로 누르는 힘의 곱이 바로 마찰저항이다. 마찰계수는 미끄러지는 면을 구성하는 재료와 면의 상태에 따라 결정된다. 그러므로 마찰계수가 크거나 두면을 수직으로 누르는 힘이 크면 마찰저항이 크기 때문에 쉽사리 미끄러지지 않지만, 반대로 마찰계수가 작거나 누르는 힘이 적으면 마찰저항이 작기 때문에 약한 힘으로 밀어도 미끄러지게 된다.

마찰의 예는 우리 주변에서 얼마든지 찾아볼 수 있다. 땅 위에서는 두 사람이 가까이 서서 마주보고 서로 밀면, 땅에 디딘 발은 밀리지 않고 상체가 뒤로 젖혀지기 때문에 적어도 둘 중 하나는 뒤로 넘어지지만, 얼음판 위에서는 발이 뒤로 미끄러지기 때문에 오히려 앞으로 넘어지거나 몸 전체가 뒤로 물러나기 십상이다. 이것은 땅과 발바닥 사이는 미끄러짐에 대한 저항이 커서 잘 미끄러지지 않지만, 얼음과 발바닥 사이는 미끄러짐에 대한 저항이 작아서 쉽게 미끄러지기 때문이다. 바꾸어 말하면, 미끄러짐에 대한 저항이 크다는 것은 마찰계수가 크다는 것이고, 저항이 작다는 것은 마찰계수가 작다는 것을 뜻한다. 그래서 땅 위에서는 미끄러짐에 대한 염려 없이 마음대로 걷고 뛰기도 하며 운동도 할 수 있지만, 얼음 위에서는 썰매를 타거나 스케이트를 신어서 다른 방향보다 한 방향으로만 더 잘 미끄러지도록 하여 오히려 미끄러짐을 즐길 수 있다. 그렇지만 얼음판 위에서 두 사람의 몸무게가 크게 차이나면 비록 마찰계수는 같더라도 얼음판과 발바닥 사이의 미끄러지는 면을 누르는 힘이 다르기 때문에 마찰저항이 차이 나고 결국 가벼운 사람이 밀리게 된다. 즉 따로 떨어져 있는 두 개의 미끄러지는 면에 발을 딛고 서로 밀면 마찰저항이 상대적으로 작은 면이 미끄러지게 된다.

그런데 얼음판 위에서 잘 미끄러지는 것은 마찰계수가 작고 따라서 마찰저항이 작기 때문이라면 썰매를 탄 사람이나 스케이트를 신은 사람을 뒤에서 힘차게 밀면 한없이 미끄러져 나가야 할 것 같은데 얼마만큼 미끄러지다가 서게 되는 것은 무엇 때문일까? 이런 현상은 열역학법칙들과 관계 있다. 우리가 살고 있는 우주와 자연을 설명하는 여러 과학이론들이 등장하였다가 고쳐지거나 사라지곤 하였지만 열역학법칙들은 등장한 이래 지금까지 거의 모든 현상들을 설명하는 데에 유효한 것으로 여겨지고 있는 이론이다. 두 개의 열역학법칙을 간단하게 정리하면, 제1법칙은 에너지보존의 법칙으로서 에너지는 저절로 생성되거나 소멸될 수 없으며, 에너지의 형태는 변환될 수 있지만 그 총량은 변하지 않고 항상 일정하다는 것이다. 제2법칙은 에너지의 질적인 쇠퇴현상으로서 모든 현상은 에너지를 가장 낮은 상태로 유지하는 쪽으로 진행된다는 것이다. 예를 들자면 물이 높은 곳으로부터 낮은 곳으로 흐르는 것은 높은 위치에너지 상태로부터 낮은 위치에너지 상태로 되어 더 안정된 상태를 유지하려는 것이라고 할 수 있다.

팽이는 팽이채로 쳐서 돌리는 동안은 외부에서 에너지가 계속해서 공급되기 때문에 꼿꼿하게 서 있을 수 있다. 그러나 팽이치기를 멈추는 순간부터 팽이가 가지고 있던 운동에너지는 점차 마찰에너지로 형태가 바뀌게 되고, 점점 더 낮은 운동에너지 상태가 되다가 결국에는 가장 안정된 상태, 즉 가장 낮은 에너지 상태인 넘어져 누워 있는 상태로 된다. 마찬가지로 썰매를 탄 사람이나 스케이트를 신은 사람을 뒤에서 힘차게 밀면, 미는 순간 큰 운동에너지를 가지고 미끄러져 앞으로 나아가지만, 동시에 운동에너지는 썰매 날이나 스케이트 날과 얼음 사이의 미끄러지는 면에서 마찰에너지로 변환되다가 결국 처음의 운동에너지가 마찰에너지로 모두 변환되고 나면 더 이상 움직일 수 없으므로 멈추어 서게 되는 것이다.

그렇다면 썰매 날이나 스케이트 날과 얼음의 미끄러지는 면 사이에도 마찰저항이 있다는 것인가? 얼음판 위에서는 마찰계수가 작다는 것뿐이지 모든 미끄러지는 면 사이에는 마찰저항이 있다. 다만 서로 미끄러지는 면을 이루는 재료와 면의 상태에 따라 마찰계수가 다를 뿐이다. 그러므로 같은 얼음판 위라고 할지라도 그 위에서 미끄러지는 것이 무엇인가에 따라서 마찰계수가 다르고 따라서 마찰저항이 달라진다. 그래서 겨울날 얼음이 얼어 미끄럽게 된 거리에 모래를 뿌리면 미끄러지는 면의 상태를 변화시켜 마찰계수를 높이고 결국은 마찰저항을 크게 하여 미끄러지지 않게 할 수 있다.

마찰은 미끄러지는 면 사이에서 열을 발생시킨다. 어릴 때 겨울에 손이 시리면 양손바닥을 넓적다리 사이에 넣고 손바닥을 서로 누르면서 비벼서 언 손을 녹이곤 했던 기억이 있다. 양손바닥을 비빈다는 것은 맞닿는 면을 미끄러지게 한다는 것이고, 이는 곧 마찰을 뜻한다. 따라서 엄밀히 말하면 운동에너지의 100%가 마찰에너지로 변환되는 것이 아니라 그 중 일부는 열에너지로 손실되는 것이다. 그러나 구조공학에서는 계산의 편의상 열로 없어지는 부분은 무시하고 운동에너지가 마찰에너지로 모두 변환된다고 가정한다.

자! 이제는 마찰을 이용하여 지진의 공격으로부터 건물을 보호하는 방법을 생각해 보기로 하자. 지진의 진동이 건물에 전달되면 지진의 가속도와 건물의 질량이 반응하여 힘이 생성되고, 건물뼈대는 이 힘을 안전하게 지반으로 다시 전달하여야 한다. 이 과정에서 생성된 지진의 힘이 커서 건물뼈대의 변형이 한계를 넘어서게 되면 건물은 손상을 입게 된다. 건물이 손상을 입는다는 것이 건물의 즉각적인 무너짐을 뜻하는 것은 아니지만, 적어도 지진 후에는 건물을 다시 사용할 수 있도록 수리하여야 함을 뜻한다. 물론 수리의 범위는 손상의 정도에 따라 달라진다. 경우에 따라서는 부스러져 떨어진 마감이나 천장 정도를 부분적으로 다시 설치할 수도 있지만, 건물뼈대를 대대적으로 수리하여야 하는 경우도 있을 수 있다. 지진 후 수리에 따르는 여러 가

> 수학적으로는 서로 미끄러지려지는 두 면 사이의 마찰계수와 두면을 수직으로 누르는 힘의 곱이 바로 마찰저항이다

지 번거로움을 피하기 위하여 애초에 손상을 입게 될 가능성으로부터 건물을 보호하기 위하여 건물과 지반을 떼어 놓는 방법을 면진격리라고 한다. 얇은 고무판과 철판 여러 겹을 샌드위치처럼 번갈아가며 겹쳐서 붙인 면진격리장치를 면진격리고무베어링이라고 하고, 면진격리고무베어링의 가운데를 관통하는 구멍을 뚫고 그 구멍에 납을 충전하여 넣은 것을 면진격리 납-고무베어링이라고 한다.

　면진격리고무베어링과 면진격리 납-고무베어링은 기초 위에 설치되어 건물에 유연함을 더함으로써 건물의 고유주파수(또는 고유주기)가 지진에 의한 지반의 진동주파수(또는 진동주기)로부터 멀어지게 하여 건물이 손상을 입을 가능성을 크게 낮추는 시스템이다. 그 대가로 면진격리베어링은 희생양으로써 건물을 대신하여 크게 변형하게 된다. 그러나 면진격리고무베어링이나 면진격리 납-고무베어링을 설치하였다고 하여 건물과 지진의 성격차이가 반드시 보장되는 것은 아니다. 즉 연약한 지반에서는 지진에 의한 지반의 진동주파수가 면진격리고무베어링이나 면진격리 납-고무베어링을 설치한 건

물의 고유진동주파수와 오히려 가깝게 될 가능성도 있다. 이는 면진격리고무베어링이나 면진격리 납-고무베어링의 탄생배경이 재료의 뻣뻣한 성질을 이용한 것이고, 결과적으로 지진에 의한 지반의 진동주파수에 따라 그 효과가 결정되는 것이기 때문이다.

엔지니어들은 면진격리고무베어링이나 면진격리 납-고무베어링의 이러한 약점, 즉 지진에 의한 지반의 진동주파수에 따라 그 효과가 결정되는 성질을 보완하기 위하여 진동주파수와 관계없이 안정적인 '면진격리미끄럼베어링'을 고안하여 실용화 하였다. 면진격리미끄럼베어링은 면진격리고무베어링이나 면진격리 납-고무베어링처럼 기초 위에 설치되어 지반과 건물을 따로 떼어놓지만 지진에 대항하는 방법이 근본적으로 다르다. 면진격리미끄럼베어링은 기초와 기둥 사이에 미끄럼판을 설치하여 건물과 지진의 성격차이에 관계없이 지진에 의한 운동에너지를 마찰에너지로 변환시킴으로써 건물에 대한 지진의 영향을 제한하는 시스템이다. 여기서 '제한하는'이라는 표현을 사용한 것은 지진의 영향을 100% 차단하지는 못한다는 것을 강조하기 위함이다. 즉 미끄럼판의 마찰저항에 해당하는 만큼의 힘은 건물에 전달될 수 있기 때문이다. 마찰저항을 초과하는 힘이 생성되려는 순간에는 건물뼈대가 미끄럼판 위에서 미끄러짐으로써 마찰저항 이상의 힘이 건물에 전달될 수 없도록 하며, 마찰저항 이내의 힘이 생성되면 건물뼈대는 미끄러짐 없이, 마치 기초와 건물이 일체로 건립된 일반 건물처럼 스프링으로서 변형하며 저항한다. 그리고 이렇게 건물뼈대가 미끄러지고 변형하는 과정은 지진이 작용하는 순간순간을 이어져 지진이 끝날 때까지 계속된다. 또한 지진에 의한 지반의 진동은 앞뒤로 또는 좌우로 왔다갔다 방향을 바꾸며 운동하는 성질이 있기 때문에 건물뼈대도 미끄럼판 위에서 이에 따르는 궤적을 그리며 미끄러지게 된다.

면진격리미끄럼베어링의 효과를 보기 위하여 중요한 것은 바로 미끄럼판의 설계라고 하겠다. 만일 미끄럼판의 마찰계수가 너무 크면 마찰저항이 너무 크게 되어 기초와 건물이 일체로 건립된 경우와 같이 지진의 커다란 힘이 고스란히 건물뼈대로 전달될 것이고 면진격리에 따른 이익을 기대할 수 없기 때문이다. 그렇다고 미끄럼판의 마찰계수를 너무 작게 하면 마찰저항이 너무 작게 되어 바람만 불어도 건물이 미끄러질 것이고, 지진에 의하여 지반이 진동하면 건물이 상당히 많이 미끄러져야 하고, 이를 위하여 미끄러질 수 있는 충분한 거리를 확보하려면 미끄럼판이 상당히 커야 하기 때문이다. 면진격리 미끄럼베어링을 사용하기 위하여 해결하여야 할 또 다른 문제는 미끄러진 후 다시 제자리로 돌아올 수 있는 장치가 필요하다는 것이다. 그렇지 않으면 지진 후에는 건물의 입구가 건물로 난 도로와 상당히 어긋나 있을 수도 있게 되기 때문이다.

　당장 쉽사리 생각할 수 있는 방법은 마찰계수를 작게 하는 대신에 미끄럼판에는 미끄러질 수 있는 일정한 거리를 사이에 두고 미끄럼 방지 턱을 설치하면 건물이 한없이 미끄러지는 것을 막을 수 있을 뿐만 아니라, 미끄럼판이 그다지 커야 할 필요도 없다고 생각할 수 있다. 하지만 건물이 미끄러지다가 미끄럼 방지 턱에 걸리는 순간에는 엄청나게 큰 관성력 때문에 건물이 넘어질 수도 있다. 농담이 아니라 여건만 조성되면 이런 상황은 얼마든지 실제로 일어날 수 있다. 마치 우리가 어렸을 때 운동장을 달리다가 돌부리에 걸리면 우리 몸이 번쩍 들렸다가 내팽개쳐지는 것과 같은 이치이다. 아마 그냥 걷다가 넘어지는 것보다 훨씬 더 심하게 다치게 된다.

　이렇게 끝난다면 문제는 해결할 수 없게 된다. 그러나 해결할 수 없을 것만 같은 궁지에 몰렸을 때 문제를 해결하는 그것이 아마 엔지니어링의 아름다움이 아닐까? 미끄럼 방지 턱 아이디어를 조금 더 발전시키기로 하자. 앞서 제기한 미끄럼 방지 턱의 문제는 바로 건물이 방지 턱에 걸리는 순간의 관성력 때문이었다. 그렇다면 미끄럼 방지 턱을 향하여 미끄러지면서 운동에너지를 마찰에너지로 바꾸는 동시에 미끄러짐이 커질수록 운동에너지를 점점 더 작아지게 할 수 있는 방법을 생각해 보면 어떨까?

이 문제를 해결하기 위하여 엔지니어들이 고안한 방법은 미끄럼판이 일정한 곡률을 갖도록 만드는 것이었다. 즉 미끄러지는 면을 둥그스름하게 만드는 것이다. 또한 우리에게 익숙한 미끄럼판은 마치 얼음판처럼 아래에 놓이고 그 위를 무언가가 미끄러지는 구조를 생각할 수 있지만, 이 경우 세월이 흐르면서 미끄럼판 위에 먼지나 이물질이 쌓이면 정작 미끄러져야 할 순간에는 누적된 이물질로 인하여 마찰계수가 증가됨으로써 마찰저항이 커져서 미끄러지지 않거나 설계할 당시에 예측한 것보다 훨씬 더 큰 힘이 건물뼈대로 전달될 수도 있다. 이를 방지하기 위하여 곡률을 갖는 미끄럼판을 그릇을 덮듯이 위에서 아래로 향하도록 건물 맨 아래 기둥 밑에 부착하고, 똑같은 곡률의 작은 면적을 갖는 작은 미끄럼 면을 기초 위에 부착하면, 마치 접시를 뒤집어 쓴 형태가 되어 미끄럼판에는 먼지나 이물질이 쌓일 염려가 없어진다. 이런 형상을 갖추면 평상시에는 위치에너지가 가장 낮은 지점에, 즉 미끄럼판의 중앙에 작은 미끄럼 면이 위치하여 전체적으로 안정을 유지할 수 있게 된다. 그리고 지진에 의하여 지반이 진동하기 시작하면, 이 두 면이 서로 미끄러지면서 운동에너지의 일부가 마찰에너지로 바뀌는 동시에 곡률로 인하여 위치에너지로도 바뀌기 때문에 미끄러짐과 함께 위치에너지가 증가하면서 운동에너지는 현저히 감소하게 된다. 따라서 미끄럼 방지 턱 자체가 필요하지 않게 된다. 지진이 끝난 후에는 열역학 제2법칙에 따라 가장 낮은 에너지 상태를 찾아 지진에 의하여 미끄러지기 전인 처음의 위치로 저절로 이동하게 되므로 일석이조 아니 일석삼조의 방법이라고 할 수 있다.

이렇게 안정적이고 효과가 큰 시스템이라면 당장 모든 건물과 교량에 적용하도록 하여야 할 것 같은데 그렇지 못한 이유는 무엇일까? 엔지니어링의 문제는 항상 이익/비용의 측면에서 생각하여야 하기 때문이다. 즉 사용하기 싫어서가 아니라 아직은 면진격리미끄럼베어링의 건설비용을 부담할 만큼 사회적 공감대가 형성되지 않았기 때문이라고 할 수 있다. 아무리 좋은 시스템도 필요에 의한 사회적 공감대가 형성되지 않았다면 시장원리상 경쟁력이 없다. 그렇지만 사회적으로 너무 중요해서 초기 건설비용이 그다지 큰 문제가 되지 않을 정도의 프로젝트에는 충분히 사용할 수 있다. 좋은 예가 원자력발전소다. 만일 지진에 의한 지반의 진동에 의하여 원자력발전소가 손상을 입는다면, 그리고 그 손상 때문에 방사능물질이 주변으로 흘러나온다면, 오염의 정도를 떠나 이러한 사건 자체가 곧 국가적 또는 국제적 재난이 될 것이다. 이렇게 구조물의 손상이 사회적으로 미치는 영향이 엄청난 구조물의 경우에는 지진에 대하여 절대적으로 안전하여야 하기 때문에 이를 위한 초기비용은 크게 문제되지 않는다.

　면진격리미끄럼베어링의 또 다른 사용 가능한 예는 비싸거나 중요한 장비를 지진의 영향으로부터 보호하기 위하여 사용할 수 있다. 즉 건물만 면진격리 시키는 것이 아니라 진동에 매우 민감한 실험용, 치료용, 측정용장비들을 지진에 의한 건물의 진동으로부터 보호하기 위한 소형 면진격리미끄럼베어링시스템이 개발되어 시판되고 있다.

내진설계 하지 않았으면 내진보강 하라

내진설계를 법적으로 강제하기 이전에 지어진 건축물은 어떻게 할 것인가? 내진설계 되지 않은 건물을 한꺼번에 모두 허물고 내진설계기준에 맞게 동시에 다시 지어야 한다면 그 엄청난 사회적 비용은 아마 웬만큼 강한 지진이 닥쳐 입게 되는 피해를 복구하는 비용 못지않을 것이다.

어렸을 적에는 양말 뒤축에 구멍이 나면 실로 꿰매어 양말을 신고 다녔다. 양말을 기워 신을 정도이니 내복, 윗도리, 바지 등을 기워 입는 것은 당연하였다. 그러면서도 궁핍하였다는 기억이 전혀 없이 자랐던 그 시절이 그립다. 경제사정이 나아져 구멍 난 옷은 모조리 가져다 버리기 때문인지 아니면 내가 자라던 때보다 기술이 발달하여 양말과 옷을 더 튼튼하게 만들기 때문인지 모르겠지만, 요즈음에는 기운 양말이나 기운 옷을 찾아보기 힘들게 되었다. 단, 멋으로 바지에 구멍을 내고 다니는 경우는 제외하고. 개인적으로 비용이 크게 들지 않는다고 하여 헤진 옷을 마구 버리는 것은 전 지구적인 차원에서도 좋은 일이 아니다. 모든 물건은 아끼고 나눠 써야 주어진 한정된 자원을 모든 사람들이 고루 사용하고 누릴 수 있다. 하지만 구멍 난 양말을 신지 말라는 아내의 등살에 못 이겨 양말 꿰맬 의지를 상실하기 일쑤인 내가 과연 이런 말을 할 자격이 있는지.

양말을 꿰매거나 양복을 짜깁기해서 입던 시절은 지났지만, 살고 있는 집이 낡았다고 버리는 사람은 다행히 아직 없다. 집이 낡으면 대개는 옷을 꿰매듯이 수리하여 사용한다. 살기에 위험할 정도로 낡았을 경우에는 허물고 다시 짓지만, 흔한 일은 아니다. 그럼 내진설계 되지 않은 건물은 위험하니까 헐고 다시 지어야 하나? 내진설계를 법적으로 강제하면 내진설계기준이 유

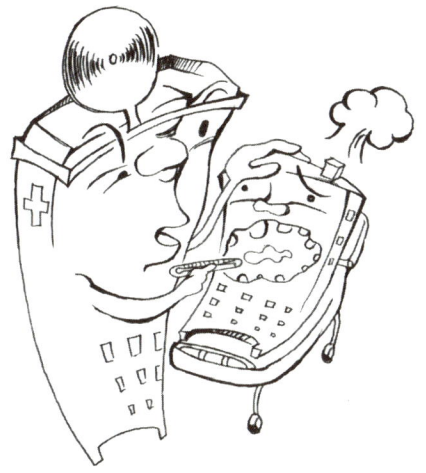

또 발생할지 모르는 지진에 대비하여 내진설계를 적용하는 경우를 '내진보강' 이라 한다

효한 순간부터 새로 지어지는 건축구조물은 내진설계를 적용하여 건립하게 된다. 우리나라는 1988년부터 일정 규모 이상의 건물을 지을 때에는 내진설계를 적용하도록 법으로 정하였다. 그렇다면 내진설계를 법적으로 강제하기 이전에 지어진 기존의 건축물은 어떻게 할 것인가? 내진설계 되지 않은 건물을 한꺼번에 모두 허물고 내진설계기준에 맞게 동시에 다시 지어야 한다면 그 엄청난 사회적 비용은 아마 웬만큼 강한 지진이 닥쳐 입게 되는 피해를 복구하는 비용 못지않을 것이다. 물론 이렇게 할 경우 인명피해는 훨씬 적을 것이지만.

내진설계 되지 않은 건축구조물이 지진피해를 입어서 손상된 부분을 수리하고 아울러 다음에 또 발생할지 모르는 지진에 대비하여 내진설계를 적용하는 경우를 '내진보강(耐震補强, seismic retrofit)한다'고 한다. 뿐만 아니라 지진이 닥치지 않은 경우라도 내진설계 되지 않은 건축구조물에 내진설계를 적용하여 내진성능을 향상시키는 것 또한 '내진보강' 이라고 한다. 그러므

로 내진설계 되지 않은 건축구조물을 헐고 다시 짓기보다는 일반적으로 내진보강을 하게 된다. 마치 헤진 옷을 버리지 않고 기워서 다시 입는 것처럼. 그러나 새로 건립되는 건축물에는 내진설계를 강제하지만 이미 지어진 기존의 건축구조물에 대한 내진보강은 강제사항이 아니다. 이는 개인의 재산권과도 관련될 뿐만 아니라 건축주의 경제적인 사정이 내진보강을 할 정도로 여유롭지 못한 경우가 대부분이기 때문이다.

엔지니어링 차원에서 내진보강은 내진설계보다 더 어렵다고 할 수 있다. 필요한 내진성능은 건축구조물의 구조적 일체성(構造的 一體性, structural integrity)을 확보하도록 설계하면 어느 정도 달성할 수 있고, 없는 것을 처음부터 만드는 것이니 내진설계의 시공은 특수한 장치를 설치하지 않는 한, 내진상세(耐震詳細, seismic details)를 제외하고서는 내진설계 되지 않은 건축물을 시공하는 것과 크게 다르지 않다. 그러나 내진보강은 이미 지어진 건물의 구조부재를 키우거나 기존의 건축물에 새로운 부재를 추가하여야 하는 것이기 때문에 설계도 시공도 모두 만만치 않은 작업이다. 특히 기존의 구조부재에 새로이 추가되는 부분과의 일체성을 확보하도록 하는 일은 많은 실험적 검증이 필요한 작업이다. 마치 치과에서 충치의 상한 부분을 파내고 다른 물질로 때우면 치료한 당시에는 멀쩡하지만 세월이 지나면서 음식물을 씹느라고 응력이 가해지면 기존의 치아와 때움 물질 사이의 탄성계수의 차이로 말미암아 변형의 크기가 달라져 결국은 틈이 생기고 다시 충치를 먹게 될 가능성이 크게 되는 것과 마찬가지이다. 아울러 내진보강을 시공하는 과정에서 기존의 구조부재 속에는 눈에 보이지 않는, 쉽게 감지할 수 없는, 손상이 숨어 언젠가 결정적인 순간에 구조물의 거동에 영향을 미칠 수도 있다.

내진보강 방안을 설계하기에 앞서 내진보강 할 기존의 건축구조물의 현재 상태를 올바로 파악하여야 제대로 된 구조해석을 수행하고 적절한 내진보강 방안을 강구할 수 있다. 마치 병원에서 의사가 진단을 통하여 환자의 상태를 올바로 파악하여야 환자에게 맞는 적절한 치료법을 제시할 수 있는 것과 같은 이치이다. 이를 위하여 병원에서는 환자의 체중과 혈압을 재고, 혈액검사와 조직검사를 하고, X선 촬영 등 여러 가지 진단과정을 수행한다. 이에 비하면 건축구조물을 진단하기 위한 장비는 상당히 열악하다고 할 수 있으며, 따라서 건축구조물이 현재 상태를 정확하게 진단하는 것은 그리 쉬운 일이 아니다. 구조물의 얼개 및 구조부재 속이 어떤 상태인지는 주로 도면에 의하여 파악하게 되는데, 이는 건축구조물이 도면대로 시공되었고 현재의 상태 역시 도면대로라는 가정 하에 하는 것이지만, 건립 후 오랜 세월이 지난 후에 재료의 상태가 어떻게 변했는지, 구조부재 내부적으로 균열이나 손상은 어떻게 분포되어 있는지 등 건물뼈대의 현재 상태를 알 수 있는 방법이 상당히 취약하다.

내진보강은 지진에 취약한 건축구조물에 구조적 일체성을 부여하여 충분한 내진성능을 보유하도록 기존 건축구조물을 보강하는 작업이다. 결코 어림짐작으로 넘어갈 일이 아니다. 병에 걸린 사람이 화장으로 건강하고 아름답게 보이도록 병색을 감추는 데에는 한계가 있는 법이다. 내진보강은 겉을 보기 좋게 꾸미는 일반적인 건물 수리와는 다르다는 것을 알아야 한다.

병원을 지진이 공격한다면?

> 병원건물도 다른 건물과 마찬가지로 땅에 기초를 딛고 서 있기 때문에 그 지역에 지진이 발생하면 지진의 영향으로부터 자유로울 수 없다. 즉 병원건물이라고 하여 지진이 그냥 지나쳐서 비켜가지는 않는다는 말이다. 오히려 병원건물이라는 특성 때문에 지진의 피해로부터 어느 정도는 자유로워야 한다.

 머릿속으로 병원을 떠올리면 흰옷 입은 의사와 간호사 그리고 이들이 진료하고 있는 환자가 그려진다. 병원에는 이들만 있는 것이 아니다. 환자를 돌보는 환자가족도 있고, 의사와 간호사가 마음껏 일할 수 있도록 병원의 여러 가지 업무를 지원하는 직원이 있다. 유능한 의사와 간호사 그리고 친절하고 부지런한 직원이 있다면 좋은 병원이라고 할 수 있다. 그러나 의료기술이 발달되고 생활수준이 높아진 오늘날에는 이런 좋은 인적 자원에 더하여 첨단장비와 시설도 갖추어져 있어야 사람들은 좋은 병원이라고 여기고 병이 나면 찾아가게 된다. 엄밀히 말하면 인적 자원과 첨단장비를 따로 떼어 생각할 수 없을 정도이다. 유능한 의사일수록 첨단장비에 대한 정보도 많아야 하고 그런 장비를 능숙하게 다룰 수 있어야 하기 때문이다. 극단적으로 말하면 첨단장비 없는 유능한 의사와 첨단시설 없는 좋은 병원은 생각조차 할 수 없는 시대가 되었다.

 병원건물도 다른 건물과 마찬가지로 땅에 기초를 딛고 서 있기 때문에 그 지역에 지진이 발생하면 지진의 영향으로부터 자유로울 수 없다. 즉 병원건물이라고 하여 지진이 그냥 지나쳐서 비켜가지는 않는다는 말이다. 오히려 병원건물이라는 특성 때문에 지진의 피해로부터 어느 정도는 자유로워야 한다.

지진으로부터 자유로울 수 없다면서 동시에 자유로워야 한다는 것은 무슨 뜻일까? 생각해 보라. 병원에 있는 대부분의 환자들은 스스로 움직이기 어려운 사람들이다. 만일 병원건물 자체는 그런대로 내진설계를 해서 손상을 최소화 하면서 무너지지 않고 견딘다고 하더라도 천장이나 칸막이벽, 전기나 기계설비 등 비구조재가 부분적으로나마 파괴된다면, 파괴된 부분의 주변에 있는 대부분의 환자들은 자신의 힘으로 피하여 안전한 곳으로 이동할 수 없기 때문에 피해를 입게 된다. 뿐만 아니라 만일 비구조재가 파괴되는 바람에 의사, 간호사, 직원이 다치는 일이 일어난다면? 또한 병원건물이 손상되면서 첨단장비와 설비가 피해를 입어 제대로 작동할 수 없다면? 이렇게 병원이 제 기능을 다할 수 없는 상황에 처해 있는 와중에 엎친 데 덮친 격으로 그 지역에서 지진 때문에 다친 사람들이 병원으로 몰려온다면 어떻게 될까?

그런 경우는 생각만 하여도 끔찍한 것임에 틀림없다. 바로 이런 끔찍한 경우가 현실이 되지 않으려면 병원건물이 지진의 피해로부터 어느 정도 자유로워지는 수밖에 없다. 즉 지진에 의한 피해를 입더라도 병원으로서 최소한의 기능은 유지할 수 있어야 한다는 말이다. 그러려면 먼저 지진의 진동으로 인하여 병원에서 일어날 수 있는 피해유형을 예측할 수 있어야 한다. 최악의 시나리오를 생각할 수 있다면 그에 대한 대비책도 생각해 낼 수 있기 때문이다.

병원건물뼈대가 지진으로부터 심각한 피해를 입지 않는 경우라도 병원의 기능유지에 심각한 문제가 될 수 있는 것이 비구조재의 파괴이다. 우선 생각할 수 있는 그리고 일어날 수 있는 비구조재에 의한 피해가 천장의 떨어짐이다. 대개 병원건물 천장의 얼개는 일반 건물과 마찬가지로 천장틀을 짜서 콘크리트를 타설할 때 미리 묻어 놓은 철물을 이용하여 바닥 슬랩의 아래 면에 매달아 놓은 형태이다. 그리고 천장에는 전기조명등이 부착되어 있다. 지진 때문에 건물의 골조가 변형하면 천장틀을 변형시키게 되고 그 변형에 의한 힘과 진동 때문에 발생한 힘을 천장이 견디지 못하면 떨어지게 된다. 모든 것은 요구량과 보유능력의 관계 속에서 생각하여야 한다. 견딜 수 있는 능력이 있느냐 아니면 떨어지느냐이다. 천장이 사람 위에 떨어지게 되면 물론 맞은 사람이 다치게 된다. 맞은 사람이 환자이면 그 병세는 더욱 악화될 것이고 성한 사람이라면 바로 환자가 될 수 있다. 그리고 천장이라고 하는 것은 실내 모든 부분에 걸쳐서 설치된 비구조재이기 때문에 그 피해범위가 넓게 분포할 수 있다.

천장이 떨어진 결과 생기는 어려움은 이것으로 끝나지 않는다. 떨어진 천장은 그 아래에 놓여 있는 의료장비나 컴퓨터를 덮치게 된다. 환자를 돌보는 일에 사용되고 있는 작동중인 장비라면 떨어지는 천장에 맞아 넘어져서 그 작동이 멈추게 될 수 있다. 발생할 수 있는 또 다른 난감한 일은 떨어진 천장의 잔해가 통행로를 막는 것이다. 꽉 막힌 통행로는 의사와 간호사가 환자를 돌보러 통과하여야 할 통행로일 수도 있고, 환자를 실은 침대나 휠체어가 지나가야 할 통행로일 수도 있으며, 무엇보다도 지진의 진동에 놀라 병원을 빠져나가려고 비상계단으로 몰려드는 사람들의 탈출로일 수도 있다. 평소에 천장은 당연히 건물바닥 아래에 붙어 있는 것으로 생각했지만, 천장 하나만 떨어져도 사태가 매우 심각해질 수 있음을 알아야 한다.

병원건물 바닥 아래에는 천장만 있는 것이 아니다. 정작 천장에 있어서 가려져 보이지 않을 뿐이지 천장 속에는 병원이 병원으로서 기능을 다하게 하는 많은 중요한 설비파이프가 천장과 마찬가지로 바닥에 매달려 있거나 벽에 고정되어 있다. 이런 설비파이프에는 상?하수도관이 있고, 높은 압력의 뜨거운 물을 나르는 파이프도 있다. 또 호흡에 문제가 있는 환자들에게 공급할 산소를 나르는 파이프도 있다. 파이프 외에도 더운 또는 차가운 공기를 공급하고 오염된 실내공기를 밖으로 내보내기 위한 닥트도 매달려 있다.

병원은 지진의 피해로부터 어느 정도 자유로워야 한다

    파이프를 구조부재에 고정시키는 방법은 건축구조물을 시공할 당시에 바닥이나 벽에 묻어 놓은 철물을 이용하여 움직이지 못하도록 용접하거나 볼트로 부착하는 것이다. 그래서 파이프가 고정된 구조부재가 지진의 진동에 의하여 움직이면 파이프도 함께 움직이게 된다. 그런데 대개 파이프는 그 안의 내용물을 건물전체로부터 모으거나 건물 곳곳으로 날라야 하기 때문에 건물전체에 걸쳐 그 종류별로 각각 수평으로 또한 수직으로 연결되어 있다. 따라서 동일한 파이프라고 하더라도 이곳에서는 이쪽 구조부재에 고정되고 저곳에서는 저쪽 부재에 고정된다. 지진에 의하여 건물이 심하게 진동하면 기둥과 기둥, 보와 보, 기둥과 보 등 서로 이웃하는 구조부재 사이에는 상대적인 변형이 생긴다.

    우리가 생각하기에는 지진 때문에 건물이 변형하게 되면 이웃하는 구조부재들은 모두 함께 한 방향으로 변형할 것 같지만, 인접한 구조부재라고 하더라도 역학적 특성상 국부적으로는 기둥과 보의 접합된 각도가 90도보다 커지거나 작아지게 된다든지 기둥의 위와 아래를 잇는 선이 수직으로부터 기울어지게 되는 등 이웃하는 구조부재의 이쪽과 저쪽이 서로 다르게 변형하게 되는데 이것을 구조부재 사이의 상대적인 변형이라고 한다. 우리말로 표현하면 움직임의 차이라고도 할 수 있다. 이렇게 상대변형이 발생하면 구조부재들에 고정된 파이프에도 같은 크기의 상대변형이 발생하게 된다. 상대적인 변형이나 변형 때문에 발생한 힘을 견디지 못하면 파이프나 닥트가 터지거나 파이프나 닥트를 구조부재에 고정한 부착철물이 파손되어 구조부재로부터 떨어져 나갈 수 있다.

파이프가 터지면 파이프 안의 내용물이 밖으로 흘러나오게 된다. 하수관의 경우에는 오물이 그냥 흘러나와 아래로 떨어지게 되고, 상수도의 경우에는 수압으로 인하여 물이 쏟아져 나오게 된다. 터진 파이프가 높은 압력의 뜨거운 물을 나르는 파이프라면 사태는 더욱 심각해질 수 있다. 오물과 찬물을 뒤집어 쓴 사람들에게 펄펄 끓는 높은 압력의 물이 뿜어져 내릴 것이기 때문이다. 생각만 해도 끔찍한 일이 벌어질 수 있다. 만일 터진 파이프가 산소를 나르는 파이프라면 산소에 의지하여 숨을 쉬는 환자들이 당장 어려움을 겪게 될 것이고, 건물 안에 작은 불씨라도 있다면 큰불이 되도록 산소가 도울 것이다. 이런 경우는 그야말로 재난이다. 이런 최악의 사태가 현실로 되지 않게 하려면 구조부재 사이의 상대적인 변형이 파이프에 영향을 미치지 않도록 미리 조치하여야 한다.

그렇다면 천장과 파이프만 무사할 수 있다면 지진이 와도 병원은 정상적으로 가동될 수 있다는 것인가? 지진의 세기가 심각하지 않거나, 천장이 떨어지거나 파이프가 터지는 일이 발생하지 않도록 미리 내진설계 및 보강을 실시하였다고 하더라도 병원에는 이외에도 지진에 의한 지반의 진동이 건물을 통하여 전달 될 경우 문제될 소지가 있는 여러 가지 있다.

병원의 기능을 유지하기 위하여 갖추어야 할 기계설비 중에는 파이프나 닥트 외에도 물탱크와 보일러 그리고 냉각기가 있다. 물탱크는 독립된 지상 구조물이나 지하구조물 또는 건물의 옥탑 등 위치와 설치하는 방법이 다양하고, 그에 따라 고려하여야 할 지진에 대한 거동이 다르다. 보일러는 건물지하 또는 별개의 독립된 건물에 설치된다. 물탱크는 찬물을, 보일러는 끓인 물을 보관도 하고 필요한 곳으로 보내기도 한다. 물을 보관하거나 보내는 작업은 물을 이동시키는 것이고 이러한 일을 위하여 필요한 것이 펌프와 파이프이다. 펌프 자체도 철로 만들어져 무겁기도 하지만, 물을 나르는 파이프와 펌프에는 언제나 물이 채워져 있으므로 질량이 커서 지진의 진동에 의하여 커다란 힘과 변형이 발생할 가능성이 높다. 그러므로 보일러의 물탱크와 펌프는 지진의 진동에 의하여 넘어질 가능성이 있으며, 일단 넘어지게 되면 펌프의 기능이 중단되어 물의 공급이 끊기게 된다. 어쩌면 이에 앞서 물탱크와 보일러에 연결된 파이프의 이음매가 약화돼 누수가 시작될 가능성이 더 높다고 하겠다. 냉각기는 대개 건물 밖의 공간이나 옥상에 설치되고 진동에 의하여 넘어질 수 있다. 물탱크, 보일러, 냉각기 모두 지진의 진동에 의하여 넘어지거나 파이프가 터지게 되면 그 기능이 중단됨으로써 불편을 겪는 것은 물론이고, 그 주변에 사람들이 있다면 치명적으로 다칠 수 있기 때문에 모든 가능성을 염두에 두고 설치에 주의를 하여야 한다. 만일 물탱크, 보일러, 냉각기가 설치된 곳을 벽돌이나 블록으로 쌓아올린 벽체가 두르고 있다면, 이런 설비가 넘어져 벽체에 부딪치면서 벽체를 넘어뜨리고 그로 말미암아 2차, 3차의 피해를 낳는 사태로 이어질 수도 있다.

  병원에는 환자들을 진찰하거나 치료하는데 사용하는 무겁고 커다란 고가의 장비들이 있다. 무겁고 크다는 것은 지진의 진동으로부터 건물을 통하여 전달되는 가속도와 장비의 질량에 의하여 큰 힘이 발생할 가능성이 높다는 것이다. 그리고 그 큰 힘은 장비를 밀어 넘어뜨리거나 미끄러뜨리려고 할 것이다. 만일 장비를 건물바닥에 고정한 철물이 충분히 강하지 못하거나 바닥

콘크리트가 고정철물을 제대로 붙잡을 정도로 충분히 강하지 못하면 장비가 넘어질 가능성이 있다. 만일 장비가 건물바닥에 고정되지 않았다면 건물바닥 위를 이리저리 미끄러져 다니면서 사람이나 다른 물건에 부딪힐 가능성도 있다. 만일 사람이 장비 옆에 있다면 넘어지는 장비에 깔릴 수도 있고, 미끄러지는 장비에 치일 수도 있다. 또한 장비가 진동에 민감한 장비라면 비록 장비가 넘어지지는 않더라도 그 기능이 심각하게 손상될 수도 있다.

종합병원 중에는 방사선으로 환자들을 치료하는 핵의학과가 있는 곳도 있다. 반드시 핵의학이 아니더라도 X-선을 이용하여 진찰하는 진단방사선과가 있다. 지진의 진동이 병원건물을 흔들었을 때 이런 핵의학 장비나 방사선 장비가 넘어지거나 손상을 입는 경우도 생각할 수 있다. 만일 이로 인하여 핵물질이나 방사능 물질이 새어 나온다면 병원이 방사능 물질로 오염되는 정말 끔찍한 일이 벌어질 수도 있다. 어떠한 경우에도 절대로 손상되지 말아야 하는 이와 같은 장비나 물질 보관소의 얼개와 설치에 대한 세심한 주의가 필요하다.

환자들의 침상에는 이동을 쉽게 하기 위한 바퀴가 달려 있다. 만일 바퀴가 구를 수 있도록 풀어 놓은 경우 지진이 닥쳐오면 침상은 여기저기 굴러다니게 될 것이다. 바퀴를 고정시켰다면 침대가 넘어지거나 환자가 침상으로부터 떨어져 내릴 수 있는 경우도 생각할 수 있다. 두 가지 경우 모두 환자에게 꽂아놓은 주사액이나 보조 장비들이 정상적으로 작동하기 어려운 상황이 될 것이다. 내진설계라는 대단해 보이는 명제 앞에 대수롭지 않게 보일 수도 있는 침상도 내진설계의 대상이 될 수 있다는 것을 명심해야 하겠다.

병원에는 환자들을 진찰하고 치료하기 위한 여러 가지 장비들이 있다. 어떤 장비들은 전자기적으로 작동하며 외부의 충격에 민감한 것들도 있다. 작은 장비들은 낮은 선반에 올려 있지만, 큰 장비들은 대개 건물바닥에 놓여 있다. 지진은 병원건물을 흔들고 병원건물은 다시 건물바닥에 놓인 장비들을 흔들게 된다. 그 흔들림은 앞과 뒤로 오른쪽과 왼쪽으로 위와 아래로 장비들을 흔들게 된다. 환자들의 침상과 마찬가지로 장비나 선반에 바퀴가 달려 있는 경우에는 이리저리 굴러다니게 되지만, 구르다가 무엇엔가 걸려 갑자기 멈추게 되거나 고정된 경우에는 넘어지거나 굴러 떨어지게 된다. 넘어지거나 딱딱한 바닥에 떨어진 장비들은 제대로 작동할 수 없을 것이다. 필수적인 장비들을 지진 후에도 사용하려면 이런 최악의 시나리오를 고려하여 넘어지거나 떨어지지 않도록 미리 조치하여야 한다.

병원은 지진 후에도 기능을 유지하여야 하는 매우 중요한 건물로 취급하여 설계하여야 한다. 병원이 지진 후에도 그 기능을 유지하도록 하려면 건물뼈대를 내진설계 하는 것은 분명히 중요한 일임에 틀림없다. 그러나 건물뼈대를 설계하는 것으로 내진설계를 완료했다고 간주하는 것은 성급한 생각이다. 이에 못지않게 중요한 것이 내진설계 시 비구조재를 고려하는 것이다. 비구조재는 구조부재를 의지하여 그 안정(安定, stability)을 유지하는 것이니만큼, 구조부재에 부착시킬 것은 제대로 부착시키고, 변형 능력이 요구되는 비구조재는 넉넉한 변형 능력을 확보하도록 조치하여야 한다. 그 출발점은 비구조재의 종류에 따라 얼개와 부착방식을 파악하고 진동에 따른 최악의 거동시나리오를 생각하는 것이다. 평소에 있어야 할 자리에 있는 것이 당연하다고 여겨지는 많은 것들이 여건만 조성되면 무너지고 부서지고 떨어질 수 있음을 알아야 한다.

건물 밖에도 내진설계를 하라고?

건물 밖에도 내진설계의 개념이 필요하다. 다만 건물 밖의 구조물들은 사람이 만든 것보다는 그렇지 않은 것들이 훨씬 많기 때문에 그들에 대한 지진의 영향을 다스리는 것이 건물을 대상으로 하는 것보다 더 어렵다.

적지 않은 사람들이 내진설계의 대상은 주로 건물이라고 알고 있겠지만, 사실은 모든 구조물이 그 대상이라고 하는 것이 옳다. 모든 구조물은 크던 작던 어느 정도의 뻣뻣함이 있고 또한 질량을 가지고 있으므로 지진을 만나면 지반가속도에 의하여 생성된 힘이 구조물에 가해지기 때문이다. 따라서 건물 밖에도 내진설계의 개념이 필요하게 된다. 다만 건물을 포함하여 그 안에 있는 대부분의 것들은 사람이 만든 것들이지만, 건물 밖의 구조물들은 사람이 만든 것보다는 그렇지 않은 것들이 훨씬 많기 때문에 그들에 대한 지진의 영향을 다스리는 것이 건물을 대상으로 하는 것보다 어려울 뿐이다. 그러나 어렵다고 하여 손을 놓고 포기하기보다는 지진으로부터 야기될 수 있는 1차적인 피해상황을 꼼꼼히 따지고 대비하는 것이 제2, 제3의 피해로 확산되는 것을 막을 수 있는 현명한 길이 될 것이다.

이를 위하여 먼저 건물 밖에 있는 구조물에는 어떤 것들이 있는지 알아보도록 하자. 흙이나 나무들은 형태가 있고 힘을 전달할 수 있으므로 분명히 구조물이지만, 이것들을 내진설계의 대상으로 하기에는 너무 넓고 많고 우리의 손이 일일이 미칠 수 없으므로 이야기의 대상에서 제외하기로 한다. 그러나 건물이나 교량 등 인공적인 구조물에 접하는 부분의 흙은 이들 구조물에 중요한 영향을 미치므로 내진설계의 대상인 것이 분명하다. 흙과 나무를 제외하고 나면 우리 주변에서 볼 수 있는 구조물 중 건물 밖에 속한 것에는 교량

(다리, bridge), 고압전선과 철탑, 전신주, 표지판, 댐, 기차가 다니는 철길, 그리고 땅속에 묻혀 있어서 보이지 않는 수도관, 가스관, 송유관 등이 있다. 이들 모두가 다 중요하지만, 그중에서도 교량과 땅속의 수도관, 가스관, 송유관 등은 우리들의 생활과 밀접한 관계가 있고, 그 수도 많거니와 지진에 의하여 피해를 입기 쉬운 구조물일 뿐만 아니라, 지진피해를 입었을 때 제2, 제3의 피해로 이어지기 쉬운 속성 때문에 미국과 같은 내진설계 선진국에서는 이들을 '생명선'(生命線 lifeline)이라고 부르며 관리한다. 건물 밖 내진설계는 이들을 대상으로 이야기해 나가려고 한다.

일반적으로 교량은 상판이라고 부르는 상부구조(上部構造, superstructure)와 교각(橋脚, pier)과 기초로 구성된 하부구조(下部構造, substructure)로 이루어진다. 상판은 교각 위에 사뿐히 놓여 있는 경우도 있고, 상판과 교각이 일체로 시공되기도 한다. 상판이 교각에 그냥 놓여 있는 경우에는 교좌장치(橋座裝置, bearing)라고 하는 받침대를 사용하여 상판의 수평을 잡는다. 상판은 교량 전 길이에 걸쳐 하나로 이어져 있기도 하고, 교각 위에 불연속 이음매(expansion joint)를 두어 온도팽창에 따른 상판의 움직임을 교좌장치의 구름이나 회전을 통해 허용하기도 한다. 건축구조물에 비하여 교량구조물은 독특한 기하학적 형상을 가지고 있다. 즉 교량은 폭에 비하여 길이가 매우 길고 두께도 얇아 멀리서 보면 마치 선(線, line)과 같이 보이기도 한다. 교량이 중요한 것은 사람과 물건이 편하고 신속하게 이동할 수 있도록 해 준다는 것이다. 아무리 지형이 험하고 깊은 물이 있더라도 교량이 있으면 이동에 문제가 되지 않는다. 뿐만 아니라 교량은 도로가 교차하는 길목에서도 속도를 줄이지 않고 이동할 수 있도록 3차원 도로를 구성하는 중요한 요소가 된다. 실제로 지구 위에는 물 위를 가로지르는 교량보다 맨땅을 가로지르는 교량의 수가 훨씬 많다.

교량의 얼개를 잘 파악하면 지진이 발생하였을 때 교량이 어떤 피해를 입을 수 있는지를 생각해낼 수 있다. 교량이 지진에 의하여 피해를 입는 유형은 주로 구조부재의 손상과 상판이 교좌장치로부터 이탈하여 땅으로 떨어지는 것이다. 구조부재의 손상은 주로 캔틸레버 기둥이나 뼈대와 같은 역할을 하는 교각에 집중된다. 상판이 땅으로 떨어지는 피해유형에 대하여는 "설마" 하고 생각하는 사람들도 있겠지만, 가능한 일이고 실제로 발생하기도 한다. 지진에 의한 진동이 상판과 교각을 진동시킬 때, 상판과 교각이 일체로 시공된 경우에는 하나의 구조체로서 진동에 대응하지만, 상판이 교각 위에 그냥 놓여 있는 경우에는 상판의 진동과 교각이 따로 진동하게 되고, 교각 위 상판의 불연속 이음매에서 만나는 상판과 상판이 제각각으로 진동하게 된다. 이때 교좌장치가 구르거나 회전함으로써 진동에 의한 상판의 움직임을 수용할 수 있는 범위 밖으로 상판이 움직이게 되면 상판은 교좌장치로부터 이탈하게 되고 교각을 이탈하여 땅 위로 떨어지게 된다.

지금까지 언급한 교량의 교좌장치는 철로 만들어진 경우인데 내진성능을 향상시키기 위하여 면진격리고무베어링을 교좌장치로 사용하기도 한다. 그러나 이 경우 교각 위 상판의 불연속 이음매의 간격이 충분치 않을 경우에는 진동에 의하여 상판과 상판이 서로 부딪히는 충격에 의하여 상판이 손상을 입을 수도 있다. 상판의 이탈 및 충격을 방지하기 위하여 상판의 움직임을 제한하는 각종 장치가 사용되기도 한다.

지진에 의하여 교량이 손상을 입게 되면 교량 자체를 보수보강하거나 재건축하는 데에 소요되는 비용은 물론 크다. 하지만 교량을 보수보강하거나 재건축하는 기간 동안 교량을 통한 통행이 금지됨으로써 정상적인 경제활동을 할 수 없는 상황으로부터 입게 되는 사회적인 피해는 그에 비할 바 없이 엄청나게 큼을 알아야 한다. 바로 여기에 교량의 중요성이 있는 것이다. 그러므로 교량이 지진피해를 입더라도 보수보강 기간 동안 통행이 가능한 피해유

건물 밖에 있는 구조물도 건물에 영향을 미치므로 내진 설계의 대상으로 잡아야 한다

형을 유도할 수 있는 설계를 하여야 한다.

 다음으로 땅속의 수도관, 가스관, 송유관에 대하여 생각을 정리하도록 하자. 이들 관들은 길이가 엄청나게 길지만 땅속에 묻혀서 있으므로 평소에는 상당히 안정적인 구조시스템이다. 관의 재료와 두께는 관안의 내용물에 의한 압력과 관 외부의 흙으로부터 가해지는 압력에 견디도록 정해져 있고, 관과 내용물의 무게는 연속해서 접촉된 흙으로 직접 전달되기 때문에 구조적으로 안정되어 있다고 할 수 있는 것이다. 그러나 지진이 발생하면 지반이 단순히 진동만 하는 것이 아니라 땅이 갈라지기도 하고 단층면을 중심으로 미끄러지기도 한다. 땅이 진동하면 땅에 접해 있는 관들도 진동하면 그만이지만, 땅이 갈라지거나 단층면에서 미끄러지면, 이는 이 부분을 관통하는 관들을 전단(剪斷, shear)하려고 하는 힘으로 작용하게 된다. 이 힘을 관의 몸통이나 이음매가 견디지 못하면 파손될 수 있다.

 지진에 의하여 땅속의 관이 파손되면 당연히 관 안의 내용물이 흘러나오

게 된다. 가스관이 파손되면 가스가 새어나오게 되고 관 위로 나 있는 도로를 자동차가 지나게 되거나 작은 불씨가 있으면 폭발과 함께 화재가 발생할 수 있다. 폭발과 화재로 아수라장이 된 도로에 인접한 건물로 불길이 번지게 되면, 소방호스로 불을 진압하려고 하지만 소방호스로부터 나와야 할 물은 이미 수도관의 파손과 함께 땅속으로 새어나가 물이 나오지 않게 된다. 또한 수원지로부터 도시에 공급하고자 수도관을 타고 오던 물이 수도관의 터진 부분을 통하여 땅속으로 새어나가면, 액상화(液狀化, liquefaction)로 인하여 땅속 흙의 형질이 흐트러져 도로 곳곳이 가라앉게 될 수도 있다. 여기에 송유관마저 터지면 토양이 기름으로 범벅이 될 수도 있다. 얼마나 끔찍한 상황인지 상상해 보라. 복구가 만만치 않을 것이다. 이해를 돕기 위하여 만든 이야기지만 얼마든지 일어날 수 있는 시나리오다. 이 중 몇 가지는 실제로 지진이 발생하였던 지역에 일어났던 상황이기도 하다.

    이러한 피해를 방지하려면, 아니 적어도 최소화하려면 각종 관들을 매설할 때에 직접 흙과 닿는 것을 피하고 지하도랑(underground trench)을 건립하여 각종 파이프라인이 달리도록 땅속 길을 만드는 것을 생각할 수 있다. 그렇게 되면 만일 지진이 발생하여 땅이 갈라지거나 단면이 생기더라도 지하도랑 구조가 1차적으로 그 영향을 부담함으로써 보호막이 되어 파이프라인의 피해를 최소화할 수 있을 것이다. 뿐만 아니라 지하도랑은 각종 파이프라인의 상태를 점검하고 보수하는 접근로로도 사용될 수 있다. 그러나 복잡한 도시의 땅속에 얼기설기 복잡하게 설치된 각종 파이프라인을 지하 도랑으로 모으는 작업을 하기 위하여 부담하여야 할 비용과 불편을 그 사회구성원들이 용납할 정도로 내진설계에 대한 사회적 합의가 이루어질 수 있을지.

    언제 올지도 모르는, 그렇지만 우리들이 그리고 우리 아이들이 사는 동안에는 발생하지 않을 확률이 더 높은, 지진에 대한 대비가 우리 사회의 하여야 할 많은 일들 중에서 어느 정도의 우선순위인지. 그러나 분명한 한 가지는 지진에 대한 대비는 그렇게 비싼 비용을 요구하지 않으며, 지진은 언젠가는 발생할 수 있다는 것이다. 일생에 단 한 번 일어날 수 있을지도 모르는, 아니 안 일어나면 더 좋은, 교통사고를 대비하여 나는 오늘도 안전벨트를 맨다.

내진설계, 본전 따져보기

비용에 대한 이익을 따지는데 있어서 내진설계도 예외일 수 없다. 문제는 '어떻게'이다. 내진설계나 내진보강에는 지진의 공격에 대하여 건축구조물을 안전하게 할 만한 여러 가지 해결방안이 있을 수 있다.

새로 개봉된 영화가 재미있을 것 같아서 구경하였는데 그렇지 못할 때, 맛있다고 소문난 음식점을 어렵사리 찾아가서 사먹은 음식 맛이 입에 맞지 않을 때에 하는 말이 있다. "본전 생각난다." 우리는 무언가를 위하여 들인 시간이나 돈 또는 노력에 비하여 얻은 것이 기대에 미치지 못할 때 종종 이런 말을 한다. 그러나 이렇게 말할 때에는 일은 이미 저질러진 상태이니 어쩌랴. 영화나 음식 맛과 같이 비교적 사소한 경우에는 '본전 생각' 한 번 하고 끝내면 그만이겠지만, 대학에서 전공을 선택한다든지, 평생 힘쓸 직업을 선택한다든지, 오랫동안 살아야 할 집을 고를 때에는 미리 신중하게 따져보아야 나중에 '본전 생각'을 하지 않게 된다. 물론 선택의 여지가 없을 때에는 하는 수 없는 일이지만, 무슨 일을 하던지 제대로 된 선택을 하려면 여러 가지, 적어도 두 가지 이상의 가능성을 앞에 놓고 어느 것을 선택하는 것이 합당한가를 생각하여야 한다. 즉 들여야 할 비용에 비하여 적절한, 아니 조금 더 욕심을 낸다면, 더 큰 이익이나 좋은 결과를 얻을 수 있을 것인지 꼼꼼히 따져보아야 한다. 비용에 대한 이익을 따지는데 있어서 내진설계도 예외일 수 없다.

따져보는 것은 좋은데 문제는 '어떻게'이다. 내진설계나 내진보강에는 지진의 공격에 대하여 건축구조물을 안전하게 할 만한 여러 가지 해결방안이 있을 수 있다. 여러 가능성 중에서 가장 바람직한 하나를 고르려면 각 후보들을 서로 객관적으로 비교할 수 있는 기준이 있어야 하고, 그 기준에 따라 평

내진설계나 내진보강에는 지진의 공격에 대하여 건축구조물을 안전하게 할 만한 여러 가지 해결방안이 있을 수 있다.

가할 수 있는 능력이 있어야 한다. 그러나 일반적으로 건축주에게서 그런 능력을 기대할 수는 없다. 설계엔지니어라 할지라도 '갑'이라는 엔지니어가 제안한 해결방안과 '을'이라는 엔지니어가 제안한 해결방안 중에서 객관적으로 더 타당한 것을 고르는 것은 쉬운 일이 아니다. 건축주를 포함하여 '갑'과 '을' 모두가 납득할 만한 판단기준을 정하는 것은 쉽지 않기 때문이다.

이런 어려운 상황을 타개할 수 있는 방법의 하나가 '이익/비용 분석'이다. 즉 각각의 내진설계 및 내진보강 방안대로 시공하기 위하여 소요되는 비용에 비하여 어느 정도의 효과를 볼 수 있느냐를 비교하는 방법이다. 그야말로 객관적이라고 할 수 있는 방법이지만 해결하여야 할 문제도 있다. 이 방법대로 각각의 내진설계 및 내진보강 방안을 객관적으로 비교하려면 바로 위에서 언급한 '어느 정도의 효과'를 정량적(定量的, quantitative)으로 표현할 수 있어야 한다.

이를 위하여 먼저 건축구조물이 각각의 내진설계 및 내진보강 방안에 따라 시공된다는 것을 가정하고 각각의 방안에 대한 손상시나리오를 생각하여야 한다. 이를테면 지진으로 인하여 수리 가능한 손상(修理可能損傷, repairable damage)을 입을 경우와 수리 불가능한 손상(修理不可能損傷, irrepairable damage)을 입을 경우 그리고 붕괴(崩壞, collapse)에 이르게 될 경우 등으로 나누어 생각할 수 있다. 여기서 수리 가능한 손상이라 함은 지진에 의한 건물뼈대의 손상이 심각할 정도는 아니라서 표면적인 수리를 한 후 다시 사용할 수 있는 경우를 뜻한다. 수리 불가능한 손상이라 함은 지진에 의한 건물뼈대의 손상이 심각해서 수리한다고 해도 다시 사용할 수 없으므로 허물고 새로이 지어야 하는 경우를 뜻한다. 마지막으로 붕괴는 지진에 의하여 건물이 무너져 내리는 경우를 뜻한다. 이렇게 나누는 것은 각각의 내진설계 및 내진보강 방안에 대한 각각의 손상시나리오를 최대 지반가속도와 연관 짓기 위함이다. 필요한 경우, 손상시나리오를 이보다 더 세부적으로 나눌 수도 있다.

다음 단계는 각각의 손상시나리오별로 최대밑면전단력을 계산하는 것이다. 여기서 밑면전단력은 건축구조물 각층에 작용하는 지진력을 합한 값이다. 이를 위하여 손상시나리오를 손상 정도와 연관 지을 수 있어야 하고, 다시 손상 정도를 구조물의 변위와 연관 지을 수 있어야 한다. 구조물의 변위와 손상 정도의 관계를 규명한 후에는 그 정도의 변위에 도달하기 위한 밑면전단력을 추정할 수 있다. 여기서 구조물의 변위와 손상 정도의 관계는 기존의 연구결과를 사용하여 파악할 수 있지만, 신뢰도의 문제가 남을 수 있다. 각각의 손상 정도에 따른 최대밑면전단력을 계산하는 것은 그리 쉬운 과정은 아니며, 상당한 공학적 판단을 요하는 과정이다.

이렇게 구한 각 내진설계별 손상 정도의 단계에 따른 밑면전단력을 지진에 의한 최대 지반가속도와 연계한다. 사실 이 단계는 상당히 모호하고 논란의 여지가 있는 과정이며, 지반과 구조물에 대한 몇 가지 가정이 필요하다.

그러나 이익/비용 분석의 한 방편으로 각각의 내진설계 방안을 비교하기 위한 공통인자를 만들어 내기 위하여 필요한 과정이기도 하다. 설명의 완성을 위하여 각 내진설계 방안의 각각의 손상 정도에 연계된 최대 지반가속도를 구하였다고 가정하고 최대 지반가속도의 회귀주기(回歸週期, return period)를 구한다. 회귀주기란 특정한 세기의 지진이 다시 발생하게 되는 데 걸리는 시간이라고 할 수 있으며 지진의 세기가 클수록 회귀주기는 길어진다. 미국 지질학연구소의 보고에 따르면 지진의 세기를 'Y' 축에 나타내고 회귀주기를 'X' 축에 나타내면 이들의 관계는 대략 겹치는 부분 없이 옆으로 펼쳐진 'S'꼴로 된다. 지진의 회귀주기는 짧게는 수년으로부터 길게는 수천 년에 이른다고 한다. 불과 100년 이내의 관찰 자료를 가지고 수천 년까지 확장하여 예측할 수 있는 것인지 의문이 들지만, 현재로서는 많은 엔지니어들이 이를 받아들이고 있다.

   각 내진설계 방안에 대한 각각의 손상시나리오에 따른 손상을 일으킬 수 있는 지진의 회귀주기는 다시 그 지진이 발생할 수 있는 확률로서 치환될 수 있다. 예를 들어 회귀주기가 500년인 세기를 가진 지진이 있다고 하면 그 지진이 발생할 확률은 매년 1/500 즉 0.002인 셈이 된다. 회귀주기는 건축구조물의 예상 수명기간 동안 그 지진에 의하여 건축구조물이 손상을 입거나 붕괴될 확률을 계산하는데 사용된다.

각 내진설계 및 내진보강 방안에 대한 비용은 어렵지 않게 추정할 수 있다. 먼저 내진설계 및 내진보강 방안에 따라 소요물량을 산출하면 인건비와 장비비등을 포함한 건설비용을 계산할 수 있다. 이것이 내진설계나 내진보강을 위한 초기 투자비용이다.

그러므로 내진설계 된 건축구조물의 건축주가 구조물의 예상수명 기간 동안 지진의 피해에 대비하여 매년 적립하여야 할 비용은 다음과 같은 두 가지 항목의 합으로 구성된다. 하나는 내진설계를 적용하여 시공하기 위한 초기 투자비용에 대한 원리금 상환이고, 다른 하나는 지진이 실제로 발생하여 건축구조물이 피해를 입었을 경우 수리하거나 다시 건립하기 위하여 적립하여야 하는 비용이다. 초기 투자에 대한 원리금 상환은 초기 투자비용과 이율 및 기간을 알면 쉽게 계산된다. 피해를 입었을 경우에 대비하여 매년 적립할 비용은 손상 정도에 따른 금액에 예상수명의 잔여기간 동안 피해를 입을 확률을 곱하면 계산된다. 그러므로 각 내진설계 및 내진보강 방안에 대한 객관적인 비교는 지진의 피해에 대비하여 시나리오별로 매년 적립하여야 할 비용의 크기를 비교하는 것이 되어 가능해진다.

내진설계가 잘 된 건축물은 매년 적립하여야 할 금액이 적을 것이고, 그렇지 않은 건축구조물은 매년 적립하여야 할 금액이 크게 될 것이다. 극단적으로 내진설계가 완벽한 건축구조물의 경우 초기 투자비용의 원리금을 건물의 예상수명 기간 동안 상환하여야 하지만, 지진이 발생하여 피해를 입을 경우에 대비한 수리 또는 재건축에 대한 적립금은 0(zero)일 수도 있다. 또 다른 극단의 경우는 현행법에 의하여 가능하지는 않겠지만, 내진설계를 적용하지 않고 건축하는 경우로서 초기 투자비용에 대한 원리금 상환액수는 작아지겠지만, 지진의 피해에 대비하여 매년 적립하여야 할 복구비용은 커질 수 있다. 그 외의 내진설계 및 내진보강 방안에 대하여 매년 상환하거나 적립하여야 할 비용은 이 두 극단적인 경우의 사이에 위치할 것이다. 따라서 건축주는 이들 여러 가지 내진설계 및 내진보강 방안을 놓고 초기투자를 감수하더라도 매년 적립할 금액을 줄일 것인지, 아니면 매년 적립금을 더 내더라도 초기투자를 아낄 것인지 결정하여야 한다.

엔지니어는 건축주에게 가능한 여러 가지 내진설계 및 내진보강 방안을 알려주어야 할뿐만 아니라 각각의 방안에 대한 객관적 비교가 가능하도록 이익/비용 분석 결과를 제공하여 건축주가 최종안을 합리적으로 선택하도록 도와야 한다. 여기서 제안된 이익/비용 분석 방법의 성패는 이 방법의 여러 가지 과정의 계산결과에 대한 신뢰도에 달려 있다. 즉 여러 가지 내진설계 및 내진보강 방안의 손상시나리오에 따라 추정한 손상 정도에 대한 신뢰도, 손상 정도에 따라 정해진 최대 지반가속도에 대한 신뢰도, 최대 지반가속도를 갖는 지진의 회귀주기 추정에 대한 신뢰도, 손상된 부분에 대한 복구비용의 추정에 대한 신뢰도 등은 고스란히 엔지니어들이 해결할 몫으로 남게 된다.

국가적인 제도가 마련된다면, 여기에서 설명한 내진설계에 대한 이익/비용 분석 아이디어는 건축구조물의 지진에 대한 피해보상에 대비한 보험료 및 보험금의 계산에도 적용할 수 있다. 즉 지진 피해에 대한 복구비용으로 매년 적립하여야 할 금액이 크다는 것은 그 건물이 그만큼 지진에 대하여 취약하다는 것을 암시하는 것이므로 더 높은 보험료를 책정할 수 있을 것이다. 이렇게 하여 사회제도적으로 자발적인 내진설계를 장려하게 되면 우리나라에도 언제인가는 발생할 수 있는 지진에 대하여 더욱 잘 준비할 수 있을 뿐만 아니라 엔지니어링과 보험업의 발전을 함께 꾀할 수 있을 것이다.

용어설명

ㄱ

가속도(加速度, acceleration)
시간에 대한 속도의 변화.

감리(監理, supervisor)
설계도면과 시방서대로 건축구조물이 시공되도록 건설현장에 상주하면서 감시하는 사람.

감쇠계수(減殺係數, damping factor)
진동속도와 곱해져서 감쇠력을 만들어 내는 계수로서 구조물 속에 숨겨져 있는 진동을 방해하려는 저항성을 나타내고자 만들어 낸 가상의 계수.

감쇠력(減殺力, damping force)
운동하고자 하는 힘에 대한 구조물의 감쇠에 의한 저항력으로 눈에는 보이지 않지만 구조물 속에 숨겨져 있는 진동을 방해하는 어떤 저항력.

감쇠비(減殺比, damping ratio)
한계감쇠계수에 대한 구조재료가 가진 감쇠계수의 비.

감쇠장치(減殺裝置, damper)
지진에 의한 변형을 다스리기 위하여 구조재료나 구조물 속에 숨겨져 있는 감쇠능력보다 더 효율적이고도 확실한 감쇠를 위하여 사용하는 장치.

감지장치(感知裝置, sensor)
구조물에 부착하여 전류를 흘리면 구조부재가 변형할 때 발생하는 전압의 변화량에 따라 미리 맞추어 놓은 계수를 이용하여 변형량을 계산하는 장치.

강도(剛度, stiffness)
강(剛)한 정도, 즉 변형하기 어려운 정도, 쉽게 말하여 뻣뻣한 정도. 구조부재나 구조물의 차원에서 고려.

강도(强度, strength)
강(强)한 정도, 즉 끊어지거나 부서지지 않고 견딜 수 있는 능력.

강성(剛性, rigidity)
강(剛)한 성질, 즉 힘이 작용할 때 쉽사리 변형하지 않고 견디는 성질, 즉 뻣뻣한 성질. 구조부재의 단면 차원에서 고려.

거동(擧動, behavior)
건물을 의인화하여 표현한 지진에 대한 건축구조물의 반응, 즉 힘과 변형의 관계.

거푸집(form work)
콘크리트를 부어넣기 위하여 구조부재의 형태에 따라 만든 형틀.

건축주(建築主, owners)
건축구조물을 소유하는 사람.

경계조건(境界條件, boundary condition)
구조부재가 끝나는 부분의 상태 또는 구조부재와 구조부재가 만나는 부분의 상태 또는 구조부재가 지반과 만나는 부분의 상태.

고유주기(固有週期, natural period)
구조물의 재료, 크기, 형상, 경계조건에 따른 구조물의 고유한 주기. 기본주기라고도 함.

고유주파수(固有周波數, natural frequency)
구조물의 재료, 크기, 형상, 경계조건에 따른 구조물의 고유한 주파수. 기본주파수라고도 함.

고정하중(固定荷重, dead load)
움직이지 못하고 건물의 수명기간 동안 붙어 있어야 하는 건물 자신의 무게.

공기조화(空氣調和, Heating, Ventilating, and Air Conditioning)시스템
실내공기의 온도, 습도, 청정도 등을 사람의 건강과 물건의 건전한 보관을 위하여 조절하는 시스템, 영문약자로 HVAC라고도 함.

공명(共鳴, resonance)
진동주기 또는 진동주파수가 같은 두 개의 파동(波動 wave)이 겹칠 때 그 진폭이 증폭되는 현상으로 공진이라고도 함.

공산품(工産品, engineering product)
공장에서 생산되는 제품.

공진(共振, resonance)
진동주기 또는 진동주파수가 서로 가까울 때에 나타나는 진동 폭의 증폭현상으로 공명이라고도 함.

공칭강도(公稱强度, nominal strength)
설계할 때 기준에 따라 계산된 강도로서 실제 강도와는 차이날 수 있음.

과다설계(過多設計, over-design)

보유능력이 요구량을 크게 초과하도록 설계한 것.

관성력(慣性力, inertia force)
운동하는 물체가 운동방향으로 계속 운동하려고 하는 성질 때문에 발생하는 힘으로 가속도와는 반대방향.

교각(橋脚, pier)
교량의 상판을 받치고 있는 기둥이나 뼈대.

교좌장치(橋座裝置, bearing)
교량의 상판과 교각 사이에 놓여 상판의 경계조건을 결정하는 장치.

구속(拘束, restrict)
구조부재가 움직이지 않도록 자유도를 묶는 것.

구조부재
(構造部材, structural element or member)
구조물을 구성하는 부분으로 건축구조물의 보, 기둥, 슬랩, 벽, 기초 등이 이에 해당한다.

구조적 연속성
(構造的 連續性, structural continuity)
구조부재와 구조부재를 강하게 엮는 성질. 즉 이웃하는 구조부재들이 함께 힘과 변형에 저항하는 성질.

구조적 일체성
(構造的 一體性, structural integrity)
여러 구조부재들을 모아 건립한 건축구조물이 마치 한 몸인 것처럼 반응하는 특성으로 구조적 연속성과 관련이 깊다.

구조해석(構造解析, structural analysis)
수학모델을 통하여 각 구조부재에 분포하는 힘의 방향과 크기 그리고 변형의 크기를 구하는 것.

규모(規模, seismic magnitude scale)
지진의 세기를 정량적(定量的, quantitative)으로 나타낸 것으로서 진도에 비하여 절대적인 값을 제시.

기둥(column)
보나 슬랩을 지지하는 수직으로 세워진 구조부재.

기본주기(基本週期, natural period)
구조물의 재료, 크기, 형상, 경계조건에 따른 구조물의 고유한 진동주기. 고유주기라고도 함.

기본주파수(基本周波數, natural frequency)
구조물의 재료, 크기, 형상, 경계조건에 따른 구조물의 고유한 진동주파수. 고유주파수라고도 함.

기초(基礎, foundation), 기초판(基礎板)
건축구조물과 지반이 맞닿는 면에 놓이는 넓적한 수평 구조부재.

내진보강(耐震補强, seismic retrofit)
내진설계 되지 않은 기존의 건축구조물에 내진설계기법을 적용하여 내진성능을 향상시키는 것.

ㄴ

내진상세(耐震詳細, seismic details)
지진에 의하여 발생한 힘을 수용할 수 있도록 재료와 부재를 합리적으로 엮어 고안한 자세한 얼개.

내진설계(耐震設計, seismic design)
지진에 견디도록 하는 설계.

내진설계철학
(耐震設計哲學, seismic design philosophy)
내진설계의 대원칙.

내진성능(耐震性能, seismic performance)
건축구조물이 지진에 대하여 견딜 수 있는 능력.

ㄷ

다자유도계
(多自由度界, multi degree of freedom system)
구조물의 변위를 여러 방향으로 가정하고 단순화시킨 수학모델로서 단자유도계보다는 너 복잡하지만 더 정확한 예측을 할 수 있는 모델.

단면형상(斷面形狀, section shape)
구조부재 단면의 생김새.

단자유도계(單自由度界, single degree of freedom system)
구조물의 변위를 한 방향으로만 가정하고 단순화시킨 수학모델.

동선(動線, circulation)
사람이나 물건이 이동을 선으로 나타낸 것.

동일과정설(同一過程說, uniformitarianism)
현재와 과거가 동일하다는 가정 하에 지층을 해석하는 지질학의 한 가설.

동질(同質, homogeneous)
같은 성질 또는 특성.

ㄹ

롤러(roller)
수평방향으로 움직임이 묶여 있으면 수직방향으로는 움직일 수 있고, 또는 수직방향으로 움직임이 묶여 있으면 수평방향으로는 움직일 수 있는 장치나 기구. 이에 더하여 수평과 수직에 대하여 회전이 자유로움.

리히터 규모(Richter magnitude scale)
진앙으로부터 100km 떨어진 지진계에 기록된 최대진폭에 상용로그(log)를 취하여 지진의 세기를 나타낸 것으로서 정량적(定量的, quantitative)이며 진도에 비하여 절대적임.

ㅁ

마찰(摩擦, friction)
미끄러짐을 방해하는 성질.

마찰계수(摩擦係數, frictional coefficient)
미끄러짐을 방해하는 정도를 수로 나타낸 것.

마찰력(摩擦力, frictional force), 마찰저항(摩擦抵抗, frictional resistance)
마찰을 방해하는 힘.

말뚝(pile)
지반이 연약할 때에 단단한 지반으로 힘을 전달하기 위하여 기초 아래에 설치하는 철근콘크리트나 철 또는 나무로 만든 기다란 장대 같은 구조부재.

매립(埋立, filling)
계곡에 흙을 메워 대지를 조성하는 것.

머칼리 진도(Mercalli intensity scale)
지진의 세기를 사람들의 느낌, 동물들의 반응, 사물의 현상 등을 보고서 정성적(情性的, qualitative)으로 12단위로 나누어 표현한 것으로서 규모에 비하여 상대적임.

면내방향(面內方向, in-plane)
2차원 안에서 생각할 수 있는 방향.

면외방향(面外方向, out-of-plane)
2차원을 벗어나 3차원에서 생각할 수 있는 방향.

면진격리(免振隔離, aseismic base isolation)
진동의 유입을 막기 위하여 구조물과 지반을 떼어놓는 것.

면진격리베어링(免振隔離 베어링, aseismic base isolation bearing)
면진격리를 목적으로 설치한 받침장치.

면진격리고무베어링(aseismic base isolation rubber bearing)
지진력이 구조물로 유입되는 양을 줄이고자 얇은 고무판과 얇은 철판을 교대로 여러 겹 붙여 만든 장치. 지진력의 크기를 줄이는 대신 고무베어링은 크게 변형하게 된다.

면진격리납-고무베어링(aseismic base isolation lead-rubber bearing)
면진격리고무베어링의 중앙을 관통하는 원형구멍을 뚫고 납을 충전하여 만든 베어링.

면진격리미끄럼베어링(aseismic base isolation sliding bearing)
구조물이 미끄러짐으로 지진력이 구조물로 유입되는 양을 줄이고자 고안한 미끄럼판을 포함한 장치.

모멘트(moment)
어느 위치를 중심으로 물체를 회전시키려고 하는 힘으로서 단위는 힘×거리의 꼴.

모사(模寫, simulate)

수학모델이나 축소모델 등 실제가 아닌 것을 이용하여 실제를 흉내 내는 것.

밑면전단력(밑면剪斷力, base shear)
건축구조물 각층에 작용하는 지진력의 합.

ㅂ

반력(反力, reaction)
구조부재의 끝을 움직이지 못하도록 하였을 때 반발하는 힘 또는 움직이자 못하는 상태를 유지하기 위하여 필요한 힘.

발생빈도(發生頻度, frequency of occurrence)
빈번한 정도, 얼마나 자주 발생하는지에 대한 척도.

벡터(vector)
크기, 방향, 작용점으로 표현되는 물리량.

변위(變位, displacement)
구조부재의 변형에 의한 처짐의 크기.

변형(變形, deformation)
구조물이나 구조부재의 형태가 외적인 조건에 의하여 변한 것.

변형능력(變形能力, deformability)
구조부재가 강함을 잃지 않고 변형할 수 있는 능력.

변형률(變形率, strain)
힘에 의하여 재료의 늘어나거나 줄어든 부분의 원래 길이에 대한 비(比 ratio)이며 단위는 길이÷길이의 꼴.

보(梁, beam or girder)
슬랩을 지지하거나 다른 하중을 지지하려고 수평으로 놓인 구조부재.

보-기둥 접합부(보-기둥 接合部, beam-column connection or joint)
건축구조물에서 보와 기둥이 만나서 연결된 부분.

보수(補修, repair)
낡거나 부서진 것을 수리하는 것.

보유능력(保有能力, capacity)
무슨 일을 하거나 힘에 저항할 수 있는 능력.

복합재료(複合材料, composite materials)
서로 다른 성질의 재료가 합쳐져서 만들어진 단점이 보완된 새로운 성질의 재료.

부동침하(不同沈下, differential settlement)
지반이나 하중분포가 균일하지 않아 기초가 불균등하게 침하하는 현상.

불연속 이음매(expansion joint)
구조물의 길이가 긴 경우 온도팽창 및 수축에 따른 손상을 피하고자 일정한 간격으로 틈을 만들어 움직일 수 있는 여유를 준 것.

붕괴(崩壞, collapse)
무너짐.

붕괴메커니즘(崩壞메커니즘, failure mechanism)
건축구조물이 파괴에 이르게 되는 원인, 과정 및 형태. 파괴메커니즘과 동일한 뜻으로 사용.

비구조재(非構造材, nonstructural elements)
건축구조물의 힘의 전달체계에 직접 기여하지 않는 부재들, 즉 천장, 칸막이벽, 가구, 기계 등 구조부재에 견고히 부착되지 않은 것들.

비중(比重, specific gravity)
물질의 무게를 그와 같은 부피의 4°C의 물의 무게로 나눈 값.

빈도(頻度, frequency), 빈도수(頻度數, frequency)
빈번한 정도, 얼마나 자주 발생하는지에 대한 척도. 영어로는 주파수와 같이 frequency를 사용하지만 주파수와는 다름.

ㅅ

사용성(使用性, serviceability)
불안하거나 불쾌하지 않고, 편안하게 사용할 수 있는 상태.

상대변형(相對變形, relative deformation)
구조부재 사이 또는 구조부재 안의 이쪽과

저쪽 간 변형의 차이.

상세(詳細, details)
재료와 부재가 어떻게 엮이는지를 보여 주는 자세한 얼개.

상판(上板, bridge slab or plate)
교량에서 사람이나 자동차가 다니는 부분의 구조시스템.

설계(設計, design)
무엇인가를 만들기 위하여 마음에 계획하고 그림이나 서류로 나타내는 것.

설계기준(設計基準, design code or criteria or specification)
설계 시 구조물의 최소한의 품질과 안전을 유지하기 위하여 세운 기준.

설계스펙트럼(設計스펙트럼, design spectrum)
응답스펙트럼을 이용하기 편리하게 단순하게 만든 것.

성토(盛土, raising)
흙을 돋워 높여 대지를 조성한 것.

세계관(世界觀, standpoint)
세계전체의 가치에 대한 철학적 견해.

소산(消散, dissipate)
에너지를 소모하는 것, 즉 사용하는 것.

소성(塑性, plasticity or aseismic)
힘을 제거하더라도 원래의 모습으로 온전하게 회복되지 않게 되는 성질.

소성영역(塑性領域, plastic or inelastic range)
재료가 탄성한계를 넘어 소성이 지배하는 변형구간.

소성변형(塑性變形, plastic or inelastic deformation)
재료의 탄성한계보다 크게 변형하여 힘을 제거하더라도 원래의 모습으로 돌아가지 못하게 된 변형상태.

속도(速度, velocity)
운동하는 물체가 시간에 대하여 움직인 거리의 변화량.

수학모델(數學모델, mathematical or analytical model)
어떤 상황이나 현상에 대한 답을 예측하기 위하여 그 상황이나 현상을 수학적으로 나타낸 것.

스프링계수(스프링係數, spring constant)
힘이 작용하는 스프링이 변형할 때 변형에 대한 힘의 비.

스프링클러(sprinkler)
화재진압을 위하여 천장 속에 설치해 놓은 물 뿌리는 장치.

시공(施工, construction)
설계도면대로 건물을 세우는 일.

시너지(synergy)
둘 이상의 협력에 의한 상승작용.

시료(試料, sample)
실험을 하기 위한 소량의 재료.

시방서(示方書, specification)
도면에 포함시키지 못하였지만 시공에 필요한 사항을 모아 놓은 서류.

시제품(試製品, specimen)
시험 삼아 만들어본 제품.

시행착오(試行錯誤, trial-and-error)
시행한 결과 관찰되는 실수를 통하여 개선해 나가는 방법.

신진대사(新陳代謝, metabolism)
생물이 영양 물질을 섭취하고 필요하지 않은 생성물을 몸 밖으로 배출시키는 작용.

안전계수(安全係數), 안전율(安全率, safety factor)
불확실성이 큰 상황에서 구조적 안전성을 부여하기 위하여 인위적으로 여유를 주기 위한 계수.

액상화(液狀化, liquefaction)
물이 함유된 진흙이 주성분인 성토 및 매립 지반이 진동되면 마치 부침개용 반죽처럼 형질이 흐트러지는 상태.

앵커볼트(anchor bolt)
기계나 기구 또는 철골기둥을 바닥이나 기초

에 고정시키는 철물.

여력(餘力, redundant)
사용하고 남는 힘 또는 힘을 더 쓸 수 있는 여유.

여유(餘裕, margin)
필요한 양과 실제로 공급된 양의 차이, 즉 요구량과 보유능력의 차이.

연성(延性, ductility)
끊어지거나 부서지지 않고, 즉 강함을 유지하면서 변형할 수 있는 능력.

연성구조물(延性構造物, ductile structure)
재료의 항복 후에도 강함을 유지하면서 크게 변형할 수 있는 능력을 지닌 구조물.

열곡(裂谷, rift valley)
육지에서 관찰되는 두 개의 평행한 단층애로 둘러싸인 좁고 긴 골짜기 또는 해령(海嶺)의 중앙에 분포하는 깊은 골짜기.

예상강도(豫想强度, probable strength)
구조물의 재료와 크기, 얼개, 단면형상 및 경계조건으로부터 계산하여 예측된 강함의 정도.

예상수명(豫想壽命, expected life)
새로이 건립된 건축구조물이 낡아서 사용할 수 없게 되기까지의 예상되는 기간.

온도하중(溫度荷重, temperature load)
온도변화에 의한 수축·팽창이 자유롭지 못할 때 구조부재에 발생하는 힘.

완충기(緩衝器, shock absorber)
충격흡수장치로서 자동차가 울퉁불퉁한 길을 가더라도 승차감을 좋게 하기 위한 장치.

요구량(要求量, demand)
무슨 일을 하거나 힘에 견디기 위하여 필요한 능력의 크기.

용도변경(用途變更, alteration or modification)
쓰임새를 바꾸는 것.

운동방정식(運動方程式, equation of motion)
구조물의 진동유형을 예측하기 위한 수학모델.

운동에너지(運動에너지, kinetic energy)
운동하는 물체가 가지고 있는 에너지.

위치에너지(位置에너지, potential energy)
물체가 위치에 따라 일을 할 수 있는 잠재적 에너지.

유사가속도(類似加速度, pseudo-acceleration)
지진에 의하여 구조물에 작용한 힘을 구조물의 질량으로 나누어 구한 값으로 실제 가속도는 아니지만 질량의 가속도의 형태로 나타내기에 붙여진 명칭.

응답스펙트럼(應答스펙트럼, response spectrum)
구조물의 응답을 구조물의 기본주기 또는 기본주파수의 함수로 나타낸 그래프.

응력(應力, stress)
재료의 단위면적에 분포된 힘으로서 단위는 힘÷면적의 꼴.

일체성(一體性, integrity)
구조적 일체성과 동일한 뜻.

#

자유도(自由度, degree of freedom)
수학모델에서 구조물에 힘이 작용할 때 구조물이 움직여질 수 있는 여지.

잔여수명(殘餘壽命, remaining life)
남아있는 수명, 즉 건물의 잔여수명은 건물이 무너져 사용할 수 없게 되기까지 남은 기간.

적재하중(積載荷重, live load)
건물의 기능 및 위치에 의하여 결정되는 모든 무게 또는 힘의 합으로 원칙적으로는 고정하중 이외의 모든 하중이며 활하중이라고도 함.

전단(剪斷, shear), 전단력(剪斷力, shear force)
축에 대하여 직각방향으로 자르려고 하는 힘.

절토(切土, cutting)
대지를 조성하고자 언덕을 깎아내어 땅을 평탄하게 만드는 것.

점탄성(粘彈性, viscoelasticity)
탄성과 점성(끈적이는 성질)을 함께 지니고 있는 재료의 특성.

접합부(接合部, connection or joint)

건축구조물에서 구조부재와 구조부재가 만나서 연결된 부분.

조례(條例, regulations)
지방자치단체가 법령의 범위 안에서 지방의회의 의결을 거쳐 그 지방의 사무에 관하여 제정하는 법.

조적벽(組積壁, masonry wall)
돌이나 벽돌 또는 블록을 켜켜로 쌓아 만든 벽.

주기(週期, period)
한 사이클(cycle) 진동하는 데에 걸리는 시간으로 단위는 초(秒, second). 주파수의 역수.

주파수(周波數, frequency)
1초 동안에 진동하는 사이클 수로서 단위는 헤르츠(Hz)이며 주기의 역수.

준공검사(竣工檢査, permit for building completion)
건물이 완성된 후에 설계에 따라 만들었는지의 여부를 검사하는 일.

중력가속도(重力加速度, gravitational acceleration)
지구의 잡아당기는 힘으로 인하여 지구 중심으로 향하는 가속도.

증폭(增幅, amplification)
크기의 증가. 진동에서는 진동 폭의 증가를 의미.

지내력(地耐力, soil bearing capacity)
지반이 무게를 받칠 수 있는 능력으로 단위 면적당 힘 또는 무게로 나타낸다.

지반(地盤, ground)
건물의 기초가 놓이는 위치의 땅.

지반조사(地盤調査, soil investigation)
지내력, 지하수위, 단단한 지반의 깊이 등 기초의 설계 및 시공에 필요한 정보를 수집하기 위하여 지반을 조사하는 것.

지방자치정부(地方自治政府, municipality)
도, 시, 군, 구 등의 자치단체.

지점(支點, support)
구조물이 지반에 의하여 지지되는 부분으로 지점에서는 자유도의 일부 또는 전부가 구속됨.

지진계(地震計, seismograph)
지진에 의한 지반의 진동을 측정하기 위한 장치.

지진관측(地震觀測, seismic observation)
지진발생 시 지반가속도와 속도, 변위 등을 미리 설치해 놓은 지진계를 이용하여 측정하는 것.

지진에너지(地震에너지, seismic energy)
지진에 의한 지반의 진동이 내포하고 있는 에너지, 즉 일할 수 있는 능력. 바꾸어 말하면 건축구조물을 진동시킬 수 있는 능력.

진도(震度, seismic intensity)
지진의 세기를 사람들의 느낌, 동물들의 반응, 사물의 현상 등을 보고서 정성적(情性的, qualitative)으로 표현한 것으로 측정 대상에 따라 상대적으로 변화.

진동(振動, vibration)
외적 요인에 의한 물체의 주기적 왕복운동.

진동주기(振動週期, vibrational period)
한 사이클(cycle) 진동하는 데에 걸리는 시간으로 단위는 초(秒, second). 진동주파수의 역수.

진동주파수(振動周波數, vibrational frequency)
1초 동안에 진동하는 사이클 수로서 단위는 헤르츠(Hz)이며 진동주기의 역수.

진앙(震央, epicenter)
진원 위에 있는 지표면에서의 위치.

진원(震源, source)
지구표면 아래 지진이 발생한 지점.

진입로(進入路, access)
건물이나 어떤 특정한 장소로 다가가거나 접근할 수 있는 길.

처짐(displacement)
구조부재의 변형에 의하여 구조부재의 부분이 움직인 거리.

**최대밑면전단력(最大밑면剪斷力, maximum

base shear)
지진에 의하여 발생한 각층의 전단력의 합중에서 최댓값.

최대진폭(最大震幅, maximum amplitude)
지진에 의한 진동 폭의 최댓값.

축력(軸力, axial force)
기둥과 같은 구조부재의 축방향으로 작용하는 힘.

충격(衝擊, impact)
진지의 진동에 의하여 구조체와 구조체가 부딪히는 것.

취성(脆性, brittle)
힘을 증가하여 한계에 이르면 예고 없이 갑작스럽게 파괴되는 재료의 성질.

침하(沈下, settlement)
기초가 얹힌 지반이 일정량 가라앉는 현상.

침하하중(沈下荷重, displacement load)
기초가 균일하지 않게 가라앉음으로 인하여 발생하는 힘.

ㅌ

타설(打設, pouring)
콘크리트를 형틀(거푸집)에 부어넣는 것.

탄성(彈性, elasticity)
힘이 제거된 후 원래의 모습을 회복하는 성질.

탄성계수(彈性係數, modulus of elasticity)
재료의 단위변형에 필요한 힘, 영계수(Young's modulus)라고도 함.

탄성변형(彈性變形, elastic deformation)
재료의 탄성한계 이내에서 변형하여 힘을 제거하면 원래의 모습으로 돌아가는 변형상태.

탄성영역(彈性領域, elastic range)
재료가 탄성을 유지하는 변형구간.

탄성한계(彈性限界, elastic limit)
탄성영역이 끝나는 부분, 즉 탄성영역과 소성영역의 경계.

ㅍ

파괴메커니즘(破壞메커니즘, failure mechanism)
건축구조물이 파괴에 이르게 되는 원인, 과정 및 형태.

판구조론(板構造論, Plate Tectonics)
지각이 몇 개의 커다란 판으로 구성되어 맨틀 위를 떠다닌다는 가설.

평형(平衡, equilibrium)
어떤 방향으로 힘이 균형을 이루어 움직이지 않는 상태.

피로(疲勞, fatigue)
탄성영역의 하중이지만 반복하여 여러 번 작용하였을 때 재료가 약화되는 현상.

피해유형(被害類型, failure pattern)
건축구조물의 손상형태.

핀(pin)
수평이나 수직방향으로는 묶여 있지만 회전은 자유로운 장치나 기구. 힌지(hinge)와 동일한 뜻으로 사용.

ㅎ

하중(荷重, load)
구조물에 작용하는 각종 무게나 힘. 구조물 자신의 무게, 사람이나 가구의 무게, 눈의 무게, 바람이나 지진에 의한 힘 등.

하중기준(荷重基準, minimum design loads)
안전한 설계를 위하여 정한 최소한의 하중.

한계감쇠계수(限界減殺係數, critical damping factor)
진동을 단번에 잠재우기 위한 구조재료의 감쇠계수의 크기.

항복(降伏, yield)
재료가 탄성영역에서 소성영역으로 넘어가는 상태, 즉 탄성한계에 이른 상태.

항상성(恒常性, homeostasis)
생체가 여러 가지 환경 변화에 대응하여 생

명 현상이 제대로 일어날 수 있도록 일정한 상태를 유지하는 성질.

허용지내력도(許容地耐力度, allowable soil bearing capacity)
지반이 파괴되지 않고서 어느 정도의 힘 또는 무게를 받쳐줄 수 있는지 값의 크기.

허용한계(許容限界, allowable limit)
구조물에 손상이 없이 사용할 수 있는 힘 또는 하중의 한계.

형태저항구조(形態抵抗構造, form-resistant structures)
재료의 양이나 단면의 크기에 의하기보다는 단면의 형태에 의하여 하중에 대한 저항력을 확보하는 구조시스템. 예를 들어 쉘과 절판 등이 있다.

화이트노이즈(white noise)
'잡음'이라는 의미로 주파수(또는 주기)의 영역이 넓은 특성을 갖는 진동.

활하중(活荷重, live load)
건물의 기능 및 위치에 의하여 결정되는 모든 무게 또는 힘의 합으로 원칙적으로는 고정하중 이외의 모든 하중이며 적재하중이라고도 함.

회귀주기(回歸週期, return period)
어느 지역에서 발생한 지진의 최대지반가속도와 동일한 세기의 지진이 그 지역에서 다시 발생할 때까지 경과한 시간.

힌지(hinge)
수평이나 수직방향으로는 묶여 있지만 회전은 자유로운 장치나 기구. 핀(pin)과 동일한 뜻으로 사용.

힘의 전달경로(傳達經路, load path)
건축구조물에 작용하는 여러 하중이 힘의 형태로 각 구조부재를 통하여 지반으로 전달되는 경로.